Sitzungsberichte

der

mathematisch-naturwissenschaftlichen Abteilung

der

Bayerischen Akademie der Wissenschaften

zu München

1928. Heft II
Mai- bis Julisitzung

München 1928
Verlag der Bayerischen Akademie der Wissenschaften
in Kommission des Verlags R. Oldenbourg München

Sitzung am 5. Mai

1. Herr RICHARD WILLSTÄTTER trägt vor:

1. über eine gemeinsam mit F. SEITZ und E. BUMM ausgeführte Untersuchung Über die Methodik und die Theorie der Hydrierung durch Natriumamalgam. Die Wasserstoffanlagerung durch Natriumamalgam wird auf primäre Addition von Natriumatomen zurückgeführt und die in quantitativen Versuchen verfolgte Abhängigkeit des Reaktionsverlaufs vom p_H wird erklärt durch Differenzen in der Feinstruktur organischer Verbindungen in Lösungen von verschiedenen Wasserstoffionenkonzentrationen;

2. über eine gemeinsam mit R. KUHN und E. BAMANN ausgeführte Arbeit „Über asymmetrische Esterhydrolyse durch Enzyme". Es wurde beobachtet, daß durch Leberesterase racemischer Mandelsäureester so gespalten wird, daß rechtsdrehende Mandelsäure rascher entsteht, daß aber unter gleichen Bedingungen von den einzeln angewandten Estern der Linksester schneller hydrolysiert wird. Die optische Spezifität des Enzyms wird als eine komplexe Erscheinung erkannt, nämlich zurückgeführt a) auf das Verhältnis der Affinitäten, die das Enzym gegen beide optische Antipoden betätigt, b) auf das Verhältnis der Geschwindigkeiten, mit denen die beiden Ester-Esterase-Zwischenverbindungen hydrolytisch zerfallen.

2. Herr ERNST STROMER trägt über Wirbeltiere im obermiocänen Flinz in München vor. Es handelt sich um seine ganz unerwartete Entdeckung zahlreicher, fossiler Reste, meist sehr kleiner Wirbeltiere im Flinztone an der Isar, durch die das Vorkommen einer sehr mannigfaltigen Fauna bezeugt wird. Es sind Fische, Kröten, Schlangen, Wasserschildkröten, Vögel, und vor allem Säugetiere (Insektenfresser, Nagetiere, Huftiere und Raubtiere) nachgewiesen, darunter mehrere, bisher ganz unbekannte Gattungen. (Erscheint in den Abhandlungen.)

3. Herr Ferdinand Broili berichtet über einen von Herrn Diplom-Ingenieur Maucher hier angekauften Trilobiten aus den unter-devonischen Schiefern des Hundsrück, der als erster Vertreter dieser Crustaceen-Ordnung aus europäischen Ablagerungen, deutliche Reste von Extremitäten zeigt, welche einen Vergleich mit den nordamerikanischen Funden gestatten und die von Beecher und Walcott an denselben gemachten Beobachtungen bestätigen.

(Erscheint in den Sitzungsberichten.)

4. Herr v. Dyck legt eine Abhandlung des korrespondierenden Mitgliedes O. Hölder vor:

Über einige trigonometrische Reihen.

Zunächst wird das Koeffizientengesetz der Sinus-Reihen gefunden, die im halben Periodenintervall die Funktionen $\log \sin \frac{x}{2}$, $\log \cos \frac{x}{2}$, $\log (\frac{1}{2} \sin X)$ darstellen, und dann eine neue, auf Umformung von einfachen bestimmten Integralen beruhende Herleitung der Kummerschen Reihe gegeben.

(Erscheint in den Sitzungsberichten.)

5. Herr Seb. Finsterwalder legt eine Arbeit von R. Sauer vor:

Geometrische Überlegungen zu den Grundgleichungen der Flächentheorie.

Die Mainardi-Codazzischen Gleichungen auf Krümmungsparameter bezogen werden anschaulich abgeleitet, ebenso die Liouillesche Form des Krümmungmaßes aus dem Gauß-Bonnetschen Integralsatz, der auf einen elementaren Polyedersatz zurückgeführt wird.

(Erscheint in den Sitzungsberichten.)

6. Herr Oskar Perron legt eine Arbeit vor:

Über den größten gemeinsamen Teiler von zwei Polynomen.

Es wird gezeigt, daß der größte gemeinsame Teiler von zwei Polynomen einer Variablen sich bei vorgegebenem Grad in einheitlicher Weise aus den Koeffizienten der gegebenen Polynome bilden läßt, obwohl der Euklidische Algorithmus keine einheitliche Darstellung liefert. Bei Polynomen von mehreren Variabeln existiert dagegen schon in den einfachsten Fällen keine solche einheitliche Darstellung.

(Erscheint in den Sitzungsberichten.)

7. Herr Alexander Wilkens legt eine Abhandlung aus dem erdphysikalischen Institut der Sternwarte vor.

Diese enthält eine zusammenfassende und kritische Bearbeitung der gesamten neueren erdmagnetischen Messungen in Bayern. Nachdem am Anfang des Jahrhunderts von den einzelnen deutschen Ländern mit der magnetischen Vermessung ihrer Gebiete begonnen war, wurden in den Jahren 1903—11 von dem verstorbenen Konservator des Erdmagnetischen Observatoriums in München J. B. Messerschmitt auch in Bayern an rund 170 Orten die erdmagnetischen Elemente bestimmt. Infolge seines frühzeitigen Todes konnten die Beobachtungsergebnisse von ihm nur teilweise und in provisorischer Form veröffentlicht werden. Da die übrigen deutschen Länder ihre Vermessungen bis 1914 zum Abschluß gebracht und veröffentlicht hatten, bildete Bayern, durch Lamonts Verdienste einst führend in der erdmagnetischen Forschung, jetzt das einzige Land, in dem eine Darstellung der erdmagnetischen Verhältnisse fehlte. Aus diesen, wie besonders auch aus wissenschaftlichen und praktischen Gründen, wurde die Neubearbeitung der Messerschmittschen Beobachtungen vorgenommen, wobei es sich wegen der zahlreichen Unstimmigkeiten der früheren Resultate und des fehlenden Anschlusses an die Nachbarländer als notwendig erwies, das vorhandene Material von Grund aus neu zu reduzieren. Wegen der damals schon gestörten Lage des Münchner Instituts und der daraus entspringenden Behinderung seiner Tätigkeit mußte der Bearbeiter teilweise die Ergebnisse des Potsdamer Observatoriums heranziehen, ein Weg, den gegenwärtig infolge der völligen Lahmlegung des Münchner Observatoriums für erdmagnetische Untersuchungen in Bayern der einzig mögliche ist.

Inhaltlich gibt die Abhandlung zunächst eine zahlenmäßige Darstellung der Messungen der drei Elemente, Deklination, Horizontalinternität und Inklination, an sämtlichen Beobachtungspunkten nebst einer Diskussion ihrer Genauigkeit sowie der Theorie.

Beim Entwurf der Karten sind die von K. Haußmann und K. Stöckl ausgeführten Spezialvermessungen des Riesgebietes und des Bayerischen Waldes mitbenutzt worden, nachdem diese für den vorliegenden Zweck entsprechend umgerechnet worden. Von besonderer Wichtigkeit ist zur Sicherstellung des Anschlußes an die Nachbarländer Preußen, Sachsen, Hessen, Württemberg und Österreich den Vergleich mit deren Messungen in den angrenzenden Gebieten. Zur Untersuchung des Säkularverlaufes von 1909 bis zur Gegenwart in Mitteleuropa wurden die Resultate der europäischen Observatorien ausgeglichen und eine zahlenmäßige und kartographische Darstellung der Veränderungen der magnetischen Elemente für den genannten Zeitraum und das bayerische Gebiet gegeben. Die dem Werk beigefügten 6 erdmagnetischen Karten beziehen sich auf die Epochen 1909,0 und 1925,5. Der Verlauf der isomagnetischen Linien in der Rheinpfalz beruht fast ausschließlich auf den alten Beobachtungen von Neumayer und Lamont aus den Jahren 1850 und 1856, da neuere Messungen hier nur vereinzelt vorliegen. Die gegenwärtig in Ausführung begriffene neue Aufnahme der Pfalz wird erst eine genauere Kenntnis über die Verteilung der erdmagnetischen Kraft in diesem gestörten Gebiet vermitteln.

Sitzung am 9. Juni

1. Herr A. Wilkens legt eine Arbeit vor:

Über die Multiplizität der Lösungen der Theorie der Bahnbestimmung der Kometen.

Es handelt sich um die Darlegung der notwendigen Bedingungen für die Existenz mehrfacher Lösungen des Bahnbestimmungsproblems der parabolischen Kometenbewegung. Zur exakten Untersuchung der Frage wird entsprechend der Darstellung der räumlichen parabolischen Bewegung in Bezug auf die Ekliptik durch 5 Parameter, z. B. durch die 5 Bahnelemente, zuerst die Theorie der Bahnbestimmung der Kometen aus 5 Beobachtungsdaten, den Längen und Breiten des 1. und 3. Ortes und der Länge des 2. Ortes entwickelt; auf Grund von Potenzentwicklungen der heliozentrischen Koordinaten nach der Zeit wird eine algebraische Gleichung 6. Grades für die heliozentrische Entfernung des 2. Kometenortes als Grundgleichung erhalten. Diese Gleichung 6. Grades hat im allgemeinen räumlichen Problem der Bahnbestimmung der Kometen nur zwei reelle Wurzeln, aber nur eine entspricht einer Parabel durch die vorgelegten Kometenörter. Die notwendige Bedingung der Reduktion der Gleichung 6. Grades und zwar auf eine solche 3. Grades ist nur die, daß die geozentrische Bewegung des Kometen auf einem Großkreise durch den 2. Sonnenort vor sich geht, wobei der 2. Sonnenort und der 2. Kometenort zusammenfallen müssen. Dann und nur dann sind eine oder drei reelle parabolische Bahnen, auch in der Ekliptik, möglich, ebenso in der Nähe dieser Konstellation. Bewegt sich der Komet beliebig in der Ekliptik, so sind immer zwei Lösungen der Gleichung 6. Grades vorhanden. (Erscheint in den Sitzungsberichten.)

2. Herr H. Fischer berichtet über synthetische Versuche, die ins Chlorophyllgebiet führen. Willstätter hat beim Abbau des Blattfarbstoffs Chlorine und Rhodine erhalten, die durch gute Kristallisationsfähigkeit und charakteristische Reaktionen ausgezeichnet sind. Synthetisch-analytisch wurden nun Körper aus Porphyrinen gewonnen, die als Chlorine bzw. Rhodine anzusprechen und durch gute Kristallisationsfähigkeit gekennzeichnet sind.

(Erscheint in den Sitzungsberichten.)

3. Herr K. v. Frisch berichtet von einer Arbeit Ingeborg Beling's über den Zeitsinn der Bienen. Wenn man an einem künstlichen Futterplatz im Freien eine kleine Bienenschar regelmäßig zu einer bestimmten Tageszeit, z. B. von 1—3 Uhr, mit Zuckerwasser füttert, merken sich die Tiere schon nach wenigen Tagen diese Futterstunde überraschend genau. Beobachtet man jetzt einen ganzen Tag lang den Futterplatz, ohne Zuckerwasser zu bieten, so sieht man zunächst nur in langen Zeitabständen vereinzelte Bienen Nachschau halten; etwa 1/2 Stunde vor der gewohnten Futterzeit wird es lebhafter; zu der Zeit, zu der an den vorhergehenden Tagen gefüttert wurde, suchen dann die Bienen mit der größten Lebhaftigkeit und Ausdauer immer wieder am

Futterplatz herum, um sich erst gegen Ende der üblichen Futterstunde wieder dauernd in den Stock zurückzuziehen. Es gelang so eine „Dressur“ auf jede Tagesstunde. Um zu prüfen, ob sich die Bienen hierbei nach dem Sonnenstand orientieren, wurde ein Bienenstock in einer Dunkelkammer aufgestellt, die durch eine künstliche Lichtquelle Tag und Nacht gleichmäßig beleuchtet war. Die Bienen gewöhnten sich daran, in dieser Kammer zu fliegen und einen Futterplatz aufzusuchen. Auch unter diesen Umständen gelang die „Zeitdressur“, und zwar auf jede beliebige Tages- und Nachtstunde, obwohl Licht, Temperatur und Feuchtigkeit konstant waren. Es fragt sich, ob sie sich nach einem anderen tagesperiodischen Faktor orientiert haben. Man weiß, daß die elektrische Leitfähigkeit der Luft eine tagesperiodische Schwankung aufweist. Aber eine weitgehende Abänderung der Leitfähigkeit durch Aufstellen eines Radiumpräparates störte den Erfolg der Zeitdressur durchaus nicht. Die Bienen müssen sich also entweder nach einem völlig unbekannten tagesperiodischen Faktor orientieren, der auch in der Dunkelkammer wirksam ist, oder ihr Zeitgefühl gründet sich auf Vorgänge im Körperinneren und sie tragen gleichsam ihre Uhr in sich. Es ist aber sehr bemerkenswert, daß nur die Dressur auf eine bestimmte Stunde des Tages, nicht aber die Dressur auf ein bestimmtes Zeitintervall gelingt. Man kann die Bienen in der Dunkelkammer bei konstantem Licht mit Erfolg auf Zeit dressieren, wenn man alle 24 Stunden füttert, wenn man jedoch alle 19 Stunden füttert, bleibt der Erfolg gänzlich aus. Haben sie ihre Uhr in sich, dann scheint sie auf die 24-Stundenzeit eingestellt zu sein.

4. Herr Erich Kaiser legt eine Abhandlung von Herrn Max Schlosser vor:

Über Tertiär und obere Kreide in Portugiesisch-Ostafrika.

Das von E. Kaiser gesammelte Material (1927) hat unsere Kenntnis der in Südostafrika vorkommenden Ablagerungen und ihrer fossilen tierischen Einschlüsse nicht unwesentlich bereichert. Es konnte vor allem der Nachweis geliefert werden, daß dort marines Miocaen entwickelt ist, das bisher nur durch Funde von Foraminiferen, nicht aber auch durch Funde von Conchylien angedeutet war.

Der weitaus größte Teil der Aufsammlungen besteht jedoch aus Schnecken und Muscheln sowie aus Gesteinsproben der oberen Kreide. Diese Conchylien verdienen deshalb besonderes Interesse, weil sie mit Ausnahme von wenigen aus Zululand beschriebenen Arten vollkommen übereinstimmen mit solchen von Südindien und von Ost-Madagaskar. Da es ausschließlich Bewohner von Seichtwasser sind, die auch im Larvenzustande sich kaum über eine so weite Strecke, wie es der indische Ozean ist, verbreiten konnten, wird es höchst wahrscheinlich, daß zur Zeit der oberen Kreide wenigstens noch Reste des ohnehin auch aus anderen Gründen angenommenen Kontinents zwischen Indien und Südafrika existiert haben. Nur an einer Küste konnte die Wanderung dieser indischen Arten nach Südostafrika erfolgt sein.

(Erscheint in den Abhandlungen.)

5. Herr W. von Dyck legt eine Arbeit des korrespondierenden Mitgliedes W. F. Meyer in Königsberg vor:

Über neue Eigenschaften der Klein'schen Kurve $C_4' \equiv x_i^3 x_k + x_k^3 x_l + x_l^3 x_i = 0$".

Die Gruppen- und Invariantentheorie einer Kurve 4. Ordnung vom Geschlechte drei und einer allgemeinen Fläche 3. Ordnung laufen auf Grund der Geiser'schen Projektion der letzteren bis zu einem gewissen Grade parallel. Es handelt sich in der Abhandlung darum, zu vorgegebener Kurve 4. Ordnung eine geeignete zugehörige Fläche 3. Ordnung zu ermitteln und vermöge deren ein = eindeutiger Abbildung auf die Ebene diesen Zusammenhang für die Klein'sche Kurve 4. Ordnung nutzbar zu machen.

(Erscheint in den Sitzungsberichten.)

6. Herr W. Wien trägt vor:

Beobachtungen an Heliumlinien.

Nachdem festgestellt war, daß die Atome, wenn sie zur Aussendung von Licht angeregt werden und dann in einen leeren Raum gelangen, noch während meßbarer Zeit Spektrallinien aussenden, hatte sich durch weitere Beobachtungen ergeben, daß die

Leuchtdauer, bei allen Spektrallinien von derselben Serie gleich, bei verschiedenen chemischen Elementen gewisse Verschiedenheiten aufwies. Es entstand nun die Frage, ob die Heliumlinien, die nur im elektrischen Felde zur Aussendung gelangen, nach ihrer Erregung in diesem Felde, wenn sie dieses verlassen, auch noch eine meßbare Leuchtdauer besitzen. Die Versuche haben gezeigt, daß dies nicht der Fall ist, das Vorhandensein eines elektrischen Feldes ist nicht nur für die Anregung, sondern auch für die Aussendung dieser Spektrallinien erforderlich. Bei den langen hierfür vorgenommenen Belichtungszeiten zeigten sich noch schwache, im elektrischen Felde aufgespaltene Linien, die genauer Untersuchung noch bedürfen.

7. Herr O. Perron legt vor:

1. Eine Arbeit von Dr. Hermann Schmidt: Zur Differentiation uneigentlicher Integrale nach einem Parameter.

Es handelt sich um Integrale, bei denen der Parameter im Integranden und in der oberen Grenze auftritt und bei denen der Integrand an der oberen Grenze unendlich wird; die gewöhnliche Differentiationsformel versagt hier schon deshalb, weil sie ein im allgemeinen divergentes Integral liefert.

(Erscheint in den Sitzungsberichten.)

2. Eine Arbeit von Dr. Hermann Schmidt: Über eine Klasse irreduzibler Gleichungen.

Die Irreduzibilität ergibt sich aus der Transitivität der Galois'schen Gruppe. (Erscheint in den Sitzungsberichten.)

Sitzung am 7. Juli

1. Herr A. Voss trägt vor:

Lösung der orthogonaloiden Transformationen durch eine Kette linearer Gleichungen unter Adjunktion von quadratischen Irrationalitäten.

(Erscheint später in den Sitzungsberichten.)

2. Herr E. v. Drygalski legt den Tien Schan-Atlas des verstorbenen Prof. Dr. G. Merzbacher vor, der im geographischen

Institut der Universität durch Prof. Dr. L. Distel mit der Zeichenhilfe der Herren Helbig und Bauer vom Topographischen Bureau soeben vollendet wurde. Er enthält 8 Blatt in 1 : 500000 und eine Übersichtskarte, auch 18 Photographien und einleitenden Text. Die Darstellung beginnt westlich vom Chantengri, dem höchsten Gipfel des Gebirges, und reicht bis zum Bagraschkit, umfaßt also wesentlich das Gebiet der ganzen Längstäler. Sie beruht auf Photographien und Routenaufnahmen Merzbachers, die zwischen Russisch Fixpunkt eingeschaltet sind, sowie auf gelegentlichen Ortsbestimmungen und Triangulierung. Kleinere Teile mußten aus älteren russischen Karten übertragen werden, sind dann aber durch nur gestrichelte Formlinien kenntlich gemacht. Neu bearbeitet wurden die Höhenzahlen und die Beschriftung. Die Darstellung ist vierfarbig, so daß ein plastisches Bild entstanden ist, welches nicht nur die Formen dieses innerasiatischen Gebirges, sondern auch viele Einzelheiten seiner Natur (Terrassen, Gletscher, Flüsse, Täler u. a.) anschaulich zeigt.

3. Herr E. Stromer v. Reichenbach legt vor:

Ergebnisse der Forschungsreisen Prof. E. Stromers in den Wüsten Ägyptens.

V. Tertiäre Wirbeltiere.

2. Die Welse des ägyptischen Alttertiärs nebst einer kritischen Übersicht über alle fossilen Welse von Dr. B. Peyer (mit 6 Doppeltafeln und 16 Textfiguren).

Das außergewöhnlich reiche und schöne Material fossiler Welse aus dem Alttertiär Ägyptens, das genau beschrieben und abgebildet wird, erlaubt die Feststellung von 5 Gattungen mit 6 Arten nebst einigen nicht näher bestimmbaren Formen. Bis auf eine noch heute im Meere lebende Gattung sind alle Süßwasserbewohner. Der vordere Teil der Wirbelsäule war bei diesen Formen schon völlig so eigenartig zur Bildung des sog. Weberschen Apparates, der zur Wahrnehmung von Wasserdruckveränderungen dient, umgestaltet wie bei den jetzigen Welsen. Bei der kritischen Übersicht über die bisher beschriebenen fossilen Welsreste erweisen sich nur wenige als sicher bestimmbar, und es zeigt sich, daß von den 23 Familien, in welche die heute in den Tropen so formenreichen Welse eingeteilt werden, nur einige auch in fossilen Vertretern sicher festgestellt sind.

(Erscheint in den Abhandlungen.)

4. Herr W. v. Dyck legt eine Arbeit des Herrn Dr. J. Hofmann in Darmstadt vor:

Über Kreispunkte und Netze von Krümmungslinien.

Die Untersuchung der Krümmungslinie einer Fläche bezieht sich seit Mongés berühmter Abhandlung über die Krümmungslinien auf dem Ellipsoid einerseits auf die Aufstellung von Flächenfamilien mit besonders einfachen Krümmungslinien und die Diskussion ihres Gesamtverlaufes, andererseits auf die differentialgeometrische Untersuchung ihres Verhaltens in der Umgebung der Kreispunkte. Nach beiden Richtungen knüpft die Arbeit insbesondere an an Untersuchungen von Finsterwalder, v. Dyck, Hamburger und Blaschke, sowie an die für die Ophthalmologie bedeutsamen von Gullstrand. Unter Verwendung einer stereographischen Projektion gelingt die Klassifikation der regulären Kreispunkte und führt zu gewissen allgemeinen Sätzen über den Gesamtverlauf quadratischer Netze.

(Erscheint in den Sitzungsberichten.)

5. Herr O. Perron legt eine Abhandlung des Herrn Bochner vor:

Über die Struktur von Fourierreihen fastperiodischer Funktionen.

Für Fourierreihen periodischer Funktionen kennt man verschiedene Sätze darüber, wie man die Fourierkoeffizienten von Funktionen einer bestimmten „Klasse“ (etwa der Klasse der beschränkten Funktionen) mit festen Faktoren multiplizieren darf, damit die neue Reihe die Fourierreihe einer Funktion derselben Klasse ist. Es wird nunmehr ein analoges Problem für Fourierreihen von fastperiodischen Funktionen aufgestellt und behandelt.

(Erscheint in den Sitzungsberichten.)

Ein Trilobit mit Gliedmaßen aus dem Unterdevon der Rheinprovinz.

Von **Ferdinand Broili.**

Mit 1 Tafel und 1 Textfigur.

Vorgetragen in der Sitzung vom 5. Mai 1928.

Herrn Diplom-Ingenieur Maucher hier hat im Laufe der letzten Zeit die Staatssammlung für Paläontologie und historische Geologie eine Reihe wichtiger Funde aus den unterdevonischen Dachschiefern des Hunsrück zu verdanken. Eines der wertvollsten Stücke aus diesen Ablagerungen aber erwarb sie kürzlich von ihm, nämlich einen Trilobiten, welcher seine Extremitäten teilweise erhalten hat.

Der Fundort des Fossils ist Bundenbach im Hunsrück (Rheinprovinz), und das Versteinerungsmittel wie häufig in diesen Sedimenten Schwefelkies, welches Mineral bekanntlich auch das Versteinerungsmittel des berühmten Triarthrus Becki Green, aus den Uticaschiefern des Ordovicium von Rome (New-York) bildet, von welcher Art bei zahlreichen Exemplaren C. E. Beecher und Ch. D. Walcott[1]) die Extremitäten studieren und ihre klassisch gewordenen Untersuchungen daran anknüpfen konnten.

Es handelt sich bei unserm Stück um einen fast vollständigen Panzer der Gattung Phacops, welcher nur wenig durch den Gebirgsdruck verzerrt worden ist und der durch die geschickte Hand des Herrn Maucher auf seiner Ventralseite herauspräpariert wurde.

---

[1]) Bezügl. d. Literatur siehe die diese zusammenfassende Arbeit von Raymond P. E.: The appendages, anatomy and relationships of. Trilobites. Mem. of the Connecticut Academy of arts and sciences. Vol. VII. 1920. New Haven. S. 163 usw. und Walcott Ch. D.: Cambrian Geology and Paleontology. IV. Notes on the structure of Neolenus. Smithson. Miscell. Coll. Vol. 67. Nr. 7. 1921.

Das 7,8 cm lange und über den ersten Rumpfgliedern 3,4 cm breite Individuum zeigt deutlich die Grenzen des Kopfschildes, den aus 11 Segmenten zusammengesetzten Thorax sowie das Pygidium und, was sofort in die Augen fällt, zwei vom Cephalon zum Hinterrande des Abdomens verlaufende Längsreihen von nach der Körpermitte und hinten eingeschlagenen Extremitäten.

Die Kopfgliedmaßen.

Betrachten wir zunächst die an dem Kopfschild befindlichen Körperanhänge.

An die Mitte des in seinem Verlauf deutlich verfolgbaren Innenrandes des Umschlages legt sich das mangelhaft erhaltene Hypostom an. Dasselbe verläuft nach rückwärts mit breit zungenförmiger Gestalt; drei Längswülste lassen sich auf ihm erkennen: ein mittlerer größerer und zwei von ihm jederseits durch eine Furche getrennte seitliche kleinere.

Seitlich von dem Hypostom und von ihm durch einen kleineren Längswulst getrennt, ist auf der linken Körperhälfte ein Extremitätenrest zu sehen, nämlich die erste Antenne oder Antennula, welche ebenso wie bei den amerikanischen Genera als einästige, geringelte Geißel ausgebildet ist. Ihr proximaler Abschnitt ist unklar, möglicherweise stellt jene erwähnte, von ihr getrennte kleine wulstartige und längliche Erhöhung, welche dicht neben dem Hypostoma liegt, ihr ungegliedertes Basalstück (Schaft) dar. Im Gegensatz zu den übrigen Extremitätenresten unseres Stückes, welche gegen die Körpermitte und hinten eingeschlagen sind, wendet sich die Geißel mit ihrer Spitze nach hinten und außen. An derselben läßt sich eine fortlaufende Reihe von zirka 16, distal stetig schmäler werdender Gliedern zählen. Falls es sich bei diesem Stück um die vollständige Geißel der Antennula handeln sollte, so muß dieselbe im Vergleiche mit den von den amerikanischen Trilobitengeschlechtern bekannten ersten Antennen als auffallend kurz bezeichnet werden; ihre jener der amerikanischen Formen entsprechende Lage scheint dafür zu sprechen, daß sie nur wenig disloziert sein kann und daß infolgedessen nicht viele Glieder fehlen dürften.

Auf der rechten Körperhälfte ist eine Antennula so, wie wir

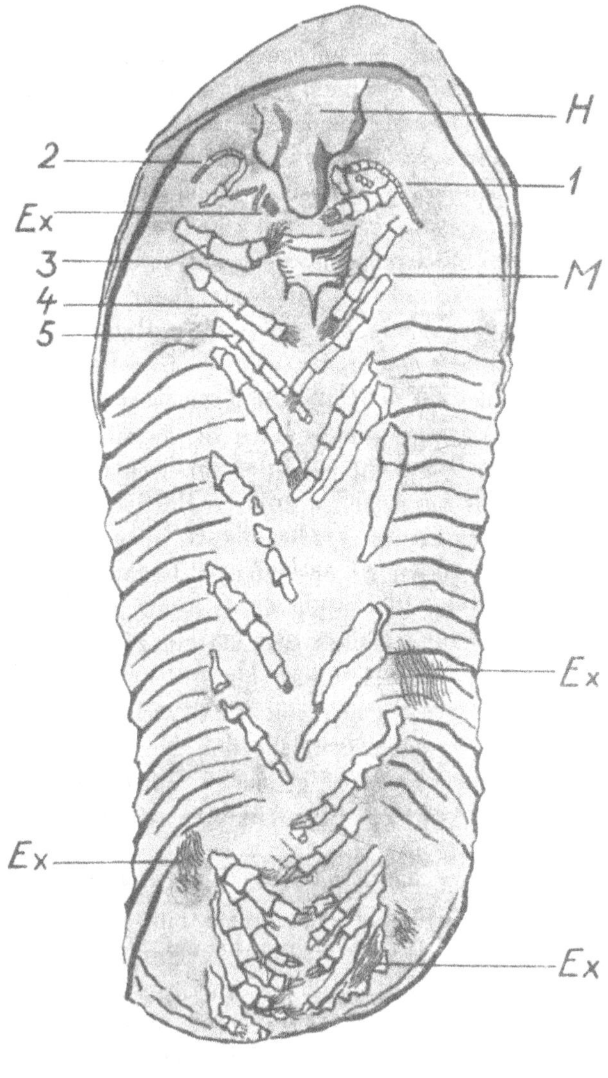

Textfigur: Phacops sp. aus den unterdevonischen Dachschiefern von Bundenbach im Hunsrück.

Übersichtsskizze in ca. 1,7 facher Vergrößerung. H Hypostom. M Metastom. 1 Antennula. 2 ? Rest der 2. Kopfgliedmaße (Antenne). 3, 4, 5 Endopoditen der 3., 4. und 5. Kopfgliedmaße. Ex Reste von Exopoditen.

sie links kennen lernten, nicht erhalten; an ihrer Stelle zeigen sich aber etliche Bruchstücke von Extremitäten. Das größte derselben, welches seitlich am weitesten entfernt vom Hypostom gelegen ist, wendet sich — soferne keine Täuschung in der Beobachtung vorliegt und es sich um ein zusammengehöriges, hackenförmig gekrümmtes Gebilde handelt — mit seiner konvexen Seite gegen die Mittellinie des Körpers. Die obere Hälfte des Restes weist deutliche Gliederung auf: einen Endabschnitt aus fünf sehr kleinen Gliedern zusammengesetzt, mit schräg verlaufenden Gliedergrenzen und einen mittleren, von zwei größeren Gliedern gebildeten Teil mit gerade verlaufenden Grenzen; dieser Abschnitt bildet anscheinend die Verbindung mit der unteren Hälfte des Hackens, die letztere ist länger und breiter wie die obere Hälfte und zeigt an dem Oberrand des auf die Umbiegung zunächst folgenden Teiles einige Vorsprünge (— ich glaube deren vier zu zählen —), welche möglicherweise in Beziehung mit Gliedergrenzen zu bringen oder wahrscheinlicher als Ansatzstellen größerer Borsten zu deuten sind; dann leitet eine ringartige Verdickung (? Gliedgrenze) über zu dem unregelmäßig zugespitzt auslaufenden Endabschnitt.

Die unregelmäßige Gliederung dieses Restes dürfte — immer unter der Voraussetzung, daß es sich um ein zusammengehöriges Gebilde handelt — seine Deutung als Antennula ausschließen. Die auffallend kleinen Glieder mit ihren schräg verlaufenden Grenzen machen es wahrscheinlich, daß ein dislozierter Exopodit vorliegt, vielleicht derjenige der 2. Gliedmaße des Kopfschildes, der gewöhnlich als Antenne (posterior Antenne) bezeichnet wird.

Zwischen diesem hackenförmigen Rest und dem Hypostom liegen ferner, mit einander einen Winkel bildend, zwei kleinere Stücke von Extremitäten: ein oberes kleineres mit undeutlicher Gliederung und ein unteres größeres mit ca. 4 bis 5 Gliedern, dann folgt anscheinend das distale Ende eines Exopoditen, das sich als solches durch seine sehr kleinen Glieder sowie durch die von diesen ausgehenden zarten Borsten, welche hinsichtlich der Länge die Glieder um ein vielfaches übertreffen, deuten läßt. Dieser kleine Rest ist für unseren Fund von besonderer Wichtigkeit, weil sich von Exopoditen und ihren Borsten sonst nur sehr wenig erhalten hat.

Unter der linken Antennula setzt eine weitere Kopfgliedmaße an, welche wie alle übrigen Extremitäten gegen die Körpermitte sich wendet. Dieselbe ist leicht gekrümmt, nimmt gegen ihr Ende nur ganz allmählich an Stärke ab, und der terminale Rand ihres Endgliedes weist einen Besatz von relativ kräftigen und kurzen Borsten auf. Der Unterrand dieses Fußes zeigt vier Einbuchtungen. Am borstentragenden Endglied läßt sich bei entsprechender Beleuchtung eine von der Einbuchtung des Unterrandes ausgehende Segmentgrenze über den ganzen Fuß fort verfolgen, und auf Grund dieses Befundes werden auch die anderen drei Einbuchtungen mit Gliedergrenzen in Beziehung gebracht; demnach würde die Zahl der erhaltenen Glieder fünf betragen haben.

Dieser Extremität kommt von der rechten Körperhälfte eine gleichfalls leicht gekrümmte andere Gliedmaße entgegen, ohne daß eine gegenseitige Berührung in der Mitte erfolgt. Ich glaube an derselben die Grenzen dreier zylindrischer Glieder unterscheiden zu können. Das letzte Glied trägt terminal wie das seines gegenseitigen Partners einen Besatz kräftiger Borsten.

Die Endglieder (Dactylopoditen) dieser beiden Extremitäten liegen nun mit ihren Borsten auf dem Oberrand einer Platte, welche die Form eines dreiseitigen Schildes besitzt und die mittlere hintere Partie des Kopfschildes einnimmt. Annähernd das vordere Drittel dieser Platte ist gegen den hinteren Teil derselben durch eine konvex verlaufende Kante abgesetzt und oralwärts abgeschrägt, der hintere ebene Teil der schildförmigen Platte endet rückwärts in drei stachelförmig hervortretenden Spitzen, zwei seitlichen kürzeren und einer weiter nach rückwärts geschobenen mittleren.

Nachdem ein Hypostoma bei unserem Individuum schon vorhanden ist, kann es sich bei der vorliegenden Platte wohl um nichts anderes handeln als um die Unterlippe, das Metastom (Labium), welches zum ersten Mal von Beecher[1]) bei Triarthrus nachgewiesen worden ist. Diese beiden als Metastoma gedeuteten

[1]) Beecher C. E. Further observations on the Ventral structure of Triarthrus. American Geologist. XV. 1895. S. 97. T. V. Fig. 8—14. Walcott Ch. D. Cambrian Geology and Paleontology IV. Appendages of Trilobites. Smithson. Miscell. Coll. 67. (4) 1918. S. 137. T. 32.

Platten von Triarthrus und Phacops sind hinsichtlich ihrer Gestalt einander sehr unähnlich; es scheinen demnach innerhalb der einzelnen Genera nicht nur die Hypostome, sondern auch die Metastome morphologisch recht beträchtlich von einander abzuweichen.[1])

Hinter dem Metastom berühren sich beinahe in der Mittellinie die Borsten der Daktylopoditen zweier weiterer Beine; die letzteren sind etwas schlanker als das vorausgehende Paar, unter dessen Inserierungsstelle, d. h. ungefähr in der Höhe des Metastom-Oberrandes sie ansetzen. Auf der linken Seite glaubt man fünf, auf der Gegenseite, deren Proximalabschnitt noch unvollständigere Erhaltung aufzeigt wie links, vier Glieder erkennen zu können. Dieselben sind durch Absätze am Beinoberrand sowie durch halbringförmig hervortretende Leistchen markiert; die ursprüngliche Gestalt der Glieder war wohl eine zylindrische, röhrenförmige.

Was das letzte Fußpaar des Kopfschildes anlangt, so ist der linksseitige Fuß mit ? 4 erkennbaren Gliedern ebenso schlank und gestreckt wie sein Vorgänger, während der rechte sich unter den linken hinunter gegen die Mitte verschoben hat.

Bei allen diesen paarig erhaltenen Gliedmaßen handelt es sich um den beinartigen Ast des Trilobitenspaltfußes, der gewöhnlich als Endopodit bezeichnet wird. Ich möchte diese Deutung einstweilen in Anlehnung an R. Richter beibehalten trotz der schönen und anregenden Untersuchungen Storchs,[2]) welcher den Endopoditen als Exopoditen umdeuten will.

[1]) Anmerkung. Im Zusammenhang damit ist vielleicht der Hinweis von Interesse, daß Barrande bei der Gattung Phacops außer dem Hypostom noch ein Epistom beobachtet haben wollte. Nach der Ansicht von O. Novák, dem das Originalmaterial Barrande's zur Verfügung stand, handelt es sich bei den von diesem Autor beobachteten Schildchen bloß um isolierte, von der Kopfduplikatur losgelöste und in die Kopfschildhöhle eingesenkte Hypostome. Barrande J. Systême Silur. d. Centre d. l. Bohême. 1e. Part. Recherch. Paléont. I. Trilobita. Prag 1852 S. 161. T. 22. Fig. 30, 31. T. 20, Fig. 11, 12. Novák O. Studien an Hypostomen böhmischer Trilobiten. Sitzungsb. d. k. b. Gesellsch. d. Wissenschaften. Prag 1880. S. 5.

[2]) Storch O. Über Bau u. Funktion der Trilobitengliedmaßen. Zeitschr. f. wissenschaftl. Zoologie 125. Bd. Leipzig 1925. — Richter R. Von Bau und Leben der Trilobiten VI. Paläozoologische Bemerkungen zu Storchs „Phyllopoden-Fanggerät“ bei den Trilobiten. Zool. Anzeig. Bd. 65. Heft 11/12. 1926. — Storch O. Zur Frage der Deutung der Trilobitengliedmaßen. Eine Erwiderung auf R. Richters Artikel „Von Bau und Leben der Trilobiten. VI.“ ibid. 67. Bd. 1926.

Demnach lassen sich am Kopfschild des vorliegenden Präparates von Phacops ebenso wie bei den nordamerikanischen Genera fünf Paare von Gliedmaßen wahrnehmen, nämlich:

1. die Antennula, die auffallend kurz erscheint, falls sie vollständig erhalten ist.
2. Auf das 2. Paar, die Antenne, möchte ich die isolierten Reste auf der rechten Seite des Hypostom zurückführen;
3. Als drittes Paar (Mandibeln) wären dann die Extremitäten zu bezeichnen, welche mit dem terminalen Borstensaum ihrer Dactylopoditen dem Metastom aufliegen und
4. und 5. als viertes und fünftes Fußpaar (Maxillulae, Maxillae), diejenigen Extremitäten, welche seitlich neben dem Metastom inserieren.

Die Rumpfgliedmaßen.

An den elf Segmenten des Thorax sind rechts die Reste von sechs, links die von sieben mehr oder weniger gut erhaltenen Extremitäten zu sehen, die übrigen sind, von einigen unbedeutenden Spuren abgesehen, verloren gegangen. Die Gehfußäste, Endopoditen, um solche handelt es sich hier ebenso wie am Cephalon, sind ebenso starr und steif in ihrem Habitus wie die beiden hinteren Fußpaare des Kopfschildes, mit denen sie auch die Einwärts- und Rückwärts-Wendung gegen die Rhachis teilen.

Diese Endopoditen bilden zwei Reihen und behalten auf dem ganzen Thorax den gleichen gegenseitigen Abstand bei; sie zeigen dadurch an, daß sie die Lage ihrer ursprünglichen Anhaftungsstellen an der Bauchdecke wohl unverändert beibehalten haben, d. h. ungefähr in der Höhe des proximalen Pleuren-Abschnittes, und zwar – soweit es sich nach unserem Fund beurteilen läßt — noch über der Pleura und nicht, wie das bei dem amerikanischen Material beobachtet wird, über der Grenze von Rhachis und Pleura.

In funktionierender Stellung dürften die Endopoditen, wenn man die ursprüngliche, nunmehr durch den Gebirgsdruck aufgehobene Krümmung des Thorax berücksichtigt, etwas über die Seitenränder der Pleurae hervorgeragt haben.

Diese Beine haben, soweit sie erhalten sind und wie das

auch von den amerikanischen Geschlechtern bekannt ist, durchaus gleichartigen Bau.

Leider ist die Erhaltung derselben so unbefriedigend, daß man sich über die Zahl der Glieder und den sicheren Verlauf der Grenzen derselben ein einigermaßen sicheres Bild nicht machen kann.

Das zumeist als Coxopodit bezeichnete Basalglied des Trilobitenspaltfußes, von dem sowohl Endopodit wie Exopodit den Ausgang nehmen, habe ich nicht feststellen können.

An den vordersten Thoracopoden der rechten und linken Körperhälfte sind rechts ziemlich deutlich, links weniger gut fünf der zylindrischen, röhrenförmigen Glieder wahrzunehmen. Am dritten Endopoditen rechts glaubt man 6 Glieder zu unterscheiden.

Die Endglieder, die Dactylopoditen der hintersten Füße, sind erhalten und scheinen ebenso wie die Endopoditen von Neolenus[1]) einen ähnlichen klauenförmigen, terminalen Anhang zu besitzen, nämlich ein unteres größeres und ein ihm opponiertes oberes, kleineres krallenartiges Gebilde. Auch an den Füßen des Pygidiums zeigen sich diese Terminalanhänge. Ich bin aber nicht völlig sicher, ob hier wirkliche krallenförmige Fortsätze und nicht zusammengeklebte, größere, einander gegenüberstehende Borsten vorliegen, welche durch das Versteinerungsmittel, den Schwefelkies einheitlich überzogen wurden. Ich möchte diesen Bedenken Raum geben, weil die Terminalanhänge der Kopffüße kräftige, deutlich von einander unterscheidbare Borsten sind und weil solche auch vereinzelt neben den klauenartigen Gebilden am Abdomen sich deutlich abheben.

? Reste von Exopoditen.

Über den proximalen Abschnitt des 7. und 8. Pleurotergiten legen sich in der Längsrichtung mit leicht sigmoidalem Schwung fadenförmige Erhöhungen; die Zahl derselben beträgt zirka 12; dieselben legen sich nicht eng aneinander, sondern lassen unter sich Zwischenräume frei, welche durchschnittlich so groß sind wie das Fadenlumen, caudalwärts aber auch etwas breiter sein können. Zweimal werden diese fadenförmigen Erhöhungen von sie quer

[1]) Walcott Ch. D. Appendages of Trilobites. Smithson. Miscell. Coll. 67 (4) 1918. Vol. 67. S. 128. T. 17—20.

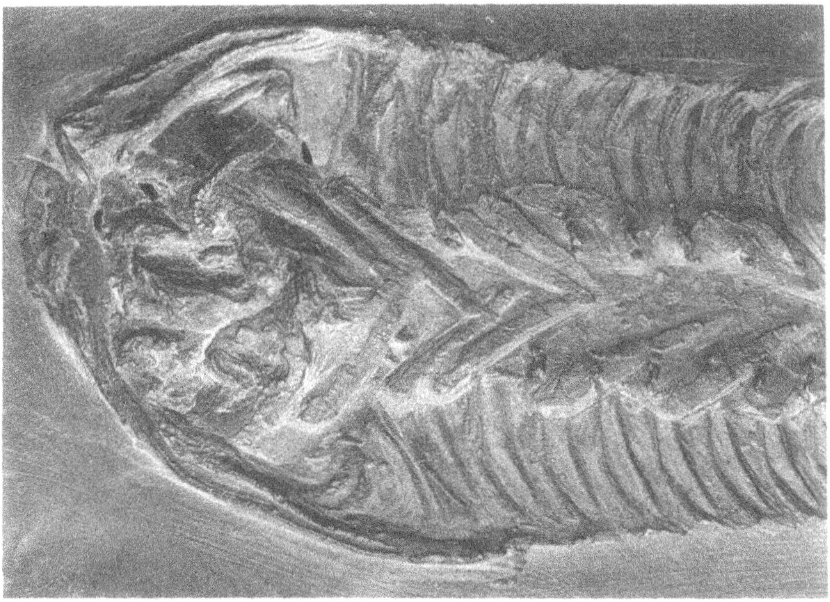

Fig. 2.

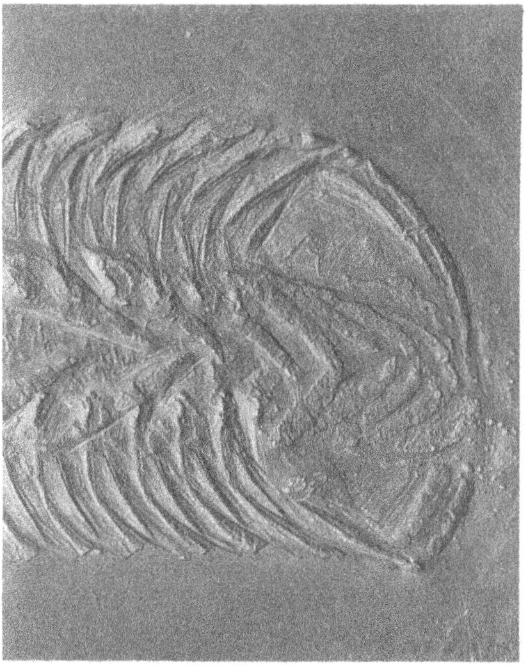

Fig. 3.

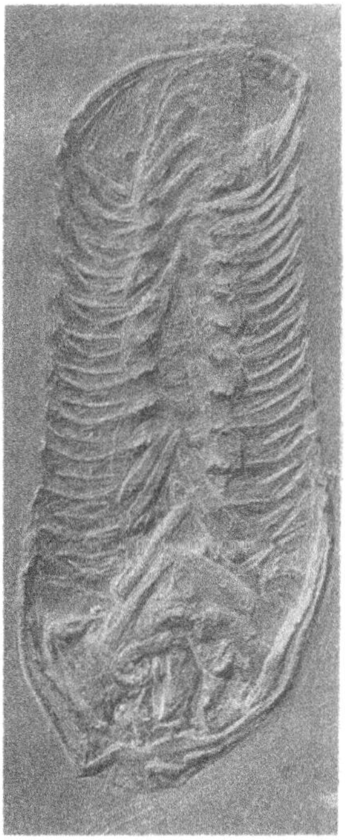

Fig. 1.

Crajon-Druck von J. B. Obernetter, München

durchziehenden knötchenartigen Anschwellungen unterbrochen. Die obere dieser Querreihen ist besser, die untere weniger gut sichtbar. Es liegt nahe, diese Reste auf Exopoditen zurückzuführen, die knötchenartigen Querreihen würden dann als die Glieder der Exopoditen, die Fäden als die von diesen ausgehenden Borsten zu deuten sein. Unter der Voraussetzung der Richtigkeit dieser Annahme würden dann diese Exopoditenäste im Gegensatz zu den eingeschlagenen Ästen der Endopoditen sich im ausgebreiteten Zustand erhalten haben.

Was den fraglichen Borstenbesatz dieser Exopoditen betrifft, so würde derselbe an unserem Phacops nicht so dicht sein, wie ihn Walcott und Raymond bei Neolenus und Triarthrus abbilden, sondern eher an die Verhältnisse erinnern, wie wir sie nach Walcott[1]) bei Ceraurus oder Calymene dargestellt finden.

Auch auf dem 8. Pleurotergiten der rechten Körperhälfte sind bei geeigneter Beleuchtung die Spuren solcher fadenförmiger Erhöhungen zu sehen, nur erreichen sie nicht die Größe jener der linken Seite, auch sind sie weniger deutlich ausgeprägt.

Die Gliedmaßen des Pygidiums.

Im Gegensatz zu den Rumpfendopoditen, welche manche Lücke in ihren beiden Reihen aufzeigen, scheinen die Füße des Abdomens, welche in der Fortsetzung dieser Reihen liegen, mehr oder weniger vollständig zu sein; auf der rechten Körperseite sind davon sieben, auf der linken ungefähr sechs zu zählen; sie gleichen den entsprechenden Gliedern des Thorax mit der Ausnahme, daß sie nach rückwärts an Größe abnehmen.

Rechts lassen sich an den ersten vier Füßen des Pygidiums je vier Glieder erkennen, von welchen das proximal erhaltene — am dritten Endopoditen ist es anscheinend ziemlich unbeschädigt — einen dreiseitigen Umriß aufweist. Die übrigen Glieder sind zylindrisch, röhrenförmig. Die terminalen Anhänge der Daktylopoditen besitzen hier das bereits bei den Thoracopoden besprochene krallenähnliche Aussehen, an den letzten Endopoditen des Schwanzschildes aber zeigen sich nur kurze, kräftige Borsten

[1]) Walcott Ch. Cambrian Geology and Paleontology IV. Nr. 7. Notes on the structure of Neolenus. Smithson. Miscell. Coll. Vol. 67. (7) 1921. S. 421. Fig. 21 (B u. C).

als Anhänge, was mich zu der bereits vorhergehend ausgesprochenen Meinung veranlaßte, die krallenartigen Gebilde vielleicht auf zusammengeklebte Borsten zurückzuführen.

Außerdem findet sich als ein sehr charakteristisches, bei den Endopoditen der amerikanischen Geschlechter stets beobachtetes Merkmal: Vereinzelte größere Borsten an den Gliedergrenzen. Dieselben zeigen sich am schönsten am ersten Fuß rechts, am zweiten erhaltenen Glied an der Grenze gegen das dritte, wo drei kräftige Borsten (die 4. ist undeutlich) inserieren.

Auch am Abdomen scheinen einige, wenn auch spärliche Reste von Exopoditen konserviert zu sein.

Vor dem letzten, sehr schlecht erhaltenen Endopoditen der linken Hälfte wird eine Reihe von zirka 15 dicht neben einander liegenden fadenartigen Borsten sichtbar. Ich betrachte sie als Borsten eines Exopoditen, dessen proximales Ende ich unter jenem des Endopoditen als leistenförmig hervortretende Erhöhung zu erkennen glaube. In diesem Fall hätte – entgegengesetzt zu den Beobachtungen am Thorax — der Endopodit die nämliche Lage wie der Exopodit.

Außerdem zeigt sich rechts (auf der Figur links) ungefähr in der Mitte des Oberrandes des Schwanzschildes ein Büschel feiner, teilweise leicht gekrümmter, fadenförmiger Erhöhungen, welche anscheinend in drei Lagen übereinander liegen. Es erscheint mir sehr wahrscheinlich, daß es sich dabei um die Borstensäume von einigen unvollständig erhaltenen Exopoditen handelt, die hinsichtlich ihrer Erhaltung auffallend einem von Beecher bezw. Raymond[1]) gegebenen Bild der Exopoditen vom hinteren Teil des Thorax von Triarthrus gleichen.

Schluß.

Gegenüber dem so reichhaltigen und teilweise glänzend erhaltenen Material von nordamerikanischen Trilobiten mit Körpergliedmaßen erscheint dieser einzige Vertreter der Gattung Phacops aus den unterdevonischen Dachschiefern des Rheinlandes mit seinen

[1]) Beecher C. E. The Ventral Integument of Trilobites. Americ. Journ. of Sci. Vol. 13. 1902. Art. 14. Pl. II. Fig. 3. — Raymond P. E. The appendages, anatomy and relationships of Trilobites. Mem. of the Conn. Acad. of arts and sciences. Vol. VII. New Haven 1920. T. V. Fig. 5.

unvollständig überkommenen Extremitäten recht bescheiden, und die Deutung gewisser feinerer Einzelheiten ist nur dank der ausgezeichneten und klassischen Beobachtungen von Beecher und Walcott möglich geworden. Immerhin genügt seine Erhaltung, um die von diesen Forschern festgestellten wesentlichen Merkmale der Körpergliedmaßen der Trilobiten erkennen zu lassen: Eine einästige, als geringelte Geißel entwickelte Antennula, im übrigen aber gleichartig ausgebildete Beine.

Den Coxopoditen, von dem die Spaltbeine entspringen, habe ich nicht feststellen können, und von den Spaltbeinen selbst sind in der Hauptsache nur die gleichartigen Gehfußäste, die Endopoditen, zu sehen. Während für dieselben bei den amerikanischen Gattungen sechs Glieder die Regel sind, gelangen hier an Kopf und Rumpf, abgesehen von einem Fall, wo man 6 zu erkennen glaubt, höchstens fünf, am Abdomen nur 4 zur Beobachtung.

Die mangelhaften, auf Exopoditen zurückgeführten Reste unseres Fundes erinnern teils an Ceraurus und Calymene, teils an Triarthrus. Epipoditen, wie sie von Walcott bei Neolenus u. a. konstatiert wurden, sind hier nicht erkennbar.

Von Interesse ist auch die Beobachtung eines Metastoms.

Trotz dieses unvollständigen, lückenhaften Befundes ist das von Herrn Maucher gewonnene Präparat hocherfreulich und gibt uns die Hoffnung, daß die unterdevonischen Dachschiefer des Hunsrück noch weitere und genauere Aufschlüsse über die Gliedmaßen der Trilobiten geben werden.

Herr Dr. J. Schröder hatte die Güte, die beigefügten Photographien anzufertigen. Ich möchte ihm auch an dieser Stelle meinen herzlichsten Dank zum Ausdruck bringen.

Tafelerklärung.

Fig. 1. *Phacops* sp. aus den unterdevonischen Dachschiefern von Bundenbach im Hunsrück. Nat. Größe. Die bei der Aufnahme von der entgegengesetzten Seite wie Fig. 2 und 3 beleuchtete Figur ist auf den **Kopf gestellt auf Grund der bekannten optischen Erscheinung,** da sonst alle Erhabenheiten eingesenkt erscheinen würden. Original in der Staatssammlung für Paläontologie und historische Geologie. München.

Fig. 2 desgleichen. Vorderer Abschnitt. ca. 1,8 × vergrößert.

Fig. 3 desgleichen. Hinterer Abschnitt. ca. 1,8 × vergrößert.

Fig. 2 und 3 überdecken sich auf etwa zwei Segmentbreiten.

Die von Herrn Dr. J. Schröder angefertigten Photographien sind **ohne jede Retouche.** Mit Hilfe eines Leseglases oder einer Lupe sind Details erkennbar.

Man vergleiche die Übersichtsskizze im Text.

Über einige trigonometrische Reihen.

Von **Otto Hölder.**

Vorgelegt von W. v. Dyck in der Sitzung am 5. Mai 1928.

§ 1.

Einige neue Reihen.

Die elementare Gleichung

$$(1)\quad \log\left|\sin\frac{x}{2}\right| = -\log 2 - \frac{\cos x}{1} - \frac{\cos(2x)}{2} - \frac{\cos(3x)}{3} - \ldots$$

ist für alle diejenigen Werte von x richtig, für die die linke Seite einen endlichen Wert hat. Da nun $\sin\frac{x}{2}$ für $0 < x < 2\pi$ positiv ist, so stellt die obige Reihe nicht nur die Cosinus-Reihe vor, durch die $\log\sin\frac{x}{2}$ im Intervall $0 \ldots \pi$ ausgedrückt ist, sondern auch die Sinus-Cosinus-Reihe, die im Intervall $0 \ldots 2\pi$ dieselbe Funktion darstellt, in der aber zufällig die Sinus-Glieder die Koeffizienten 0 haben.

Nach der Theorie muß es aber auch eine Sinus-Reihe geben[1]), die für $0 < x < \pi$ die Funktion $\log\sin\frac{x}{2}$ ausdrückt. Das Koeffizientengesetz dieser Reihe ist wohl noch nicht gegeben worden.

---

[1]) Die Funktion ist an jeder Stelle des reellen Intervalls $0 \ldots \pi$, außer bei 0, regulär, und das Integral $\int_\varepsilon^\pi \left|\log\sin\frac{x}{2}\right| dx$ bleibt endlich, wenn ε gegen 0 geht.

Ich setze

$$\text{(2)}\qquad \log\sin\frac{x}{2} = c_1 \sin x + c_2 \sin(2x) + c_3 \sin(3x) + \ldots,$$

wo

$$\text{(3)}\qquad c_\nu = \frac{2}{\pi}\int_0^\pi \sin(\nu a)\log\sin\frac{a}{2}\,da.$$

Durch partielle Integration erhalte ich

$$\int_\varepsilon^\pi \sin(\nu a)\log\sin\frac{a}{2}\,da = \frac{1}{\nu}\left(-\Big|_\varepsilon^\pi \cos(\nu a)\log\sin\frac{a}{2} + \frac{1}{2}\int_\varepsilon^\pi \cos(\nu a)\operatorname{cotg}\frac{a}{2}\,da\right)$$

$$= \frac{1}{\nu}\left(\cos(\nu\varepsilon)\log\sin\frac{\varepsilon}{2} + \int_{\frac{\varepsilon}{2}}^{\frac{\pi}{2}} \cos(2\nu a)\operatorname{cotg} a\,da\right).$$

Da aber

$$\cos(\nu\varepsilon) = 1 - \frac{\nu^2\varepsilon^2}{2} + \ldots,$$

$$\log\sin\frac{\varepsilon}{2} = \log\frac{\varepsilon}{2} - \frac{\varepsilon^2}{24} + \ldots,$$

so erkennt man, daß

$$\text{(4)}\qquad \int_0^\pi \sin(\nu a)\log\sin\frac{a}{2}\,da = \frac{1}{\nu}\lim_{\varepsilon'\to 0}\left[\log\varepsilon' + \int_{\varepsilon'}^{\frac{\pi}{2}} \cos(2\nu a)\operatorname{cotg} a\,da\right]$$

ist.

Ich berechne nun den letzten Grenzwert zunächst für $\nu = 1$. Es ist

$$\int_\varepsilon^{\frac{\pi}{2}} \cos(2a)\operatorname{cotg} a\,da = \int_\varepsilon^{\frac{\pi}{2}} (1 - 2\sin^2 a)\frac{\cos a}{\sin a}\,da$$

$$= \Big|_\varepsilon^{\frac{\pi}{2}}\left(\log\sin a + \frac{\cos(2a)}{2}\right)$$

$$= -\log\sin\varepsilon - \tfrac{1}{2} - \frac{\cos(2\varepsilon)}{2}$$

$$= -\log\varepsilon - 1 + \ldots$$

und somit

$$(5)\qquad \lim_{\varepsilon \to 0}\left[\log \varepsilon + \int_{\varepsilon}^{\frac{\pi}{2}} \cos(2a)\operatorname{cotg} a\, da\right] = -1.$$

Um jetzt die auf der rechten Seite von (4) stehenden Grenzwerte allgemein zu finden, setze ich

$$\int_{\varepsilon}^{\frac{\pi}{2}} \cos(2(\nu+1)a)\operatorname{cotg} a\, da = \int_{\varepsilon}^{\frac{\pi}{2}} (\cos(2\nu a)\cos(2a) - \sin(2\nu a)\sin 2a)\frac{\cos a}{\sin a}\, da$$

$$= \int_{\varepsilon}^{\frac{\pi}{2}} \cos(2\nu a)(1-2\sin^2 a)\frac{\cos a}{\sin a}\, da - \int_{\varepsilon}^{\frac{\pi}{2}} \sin(2\nu a)\cdot 2\cdot\cos^2 a\cdot da$$

$$(6)\qquad = \int_{\varepsilon}^{\frac{\pi}{2}} \cos(2\nu a)\operatorname{cotg} a\, da - 2\int_{\varepsilon}^{\frac{\pi}{2}} (\cos(2\nu a)\sin a + \sin(2\nu a)\cos a)\cos a\, da$$

$$= \int_{\varepsilon}^{\frac{\pi}{2}} \cos(2\nu a)\operatorname{cotg} a\, da + \Big|_{\varepsilon}^{\frac{\pi}{2}} \left(\frac{\cos((2\nu+2)a)}{2\nu+2} + \frac{\cos(2\nu a)}{2\nu}\right)$$

$$= \int_{\varepsilon}^{\frac{\pi}{2}} \cos(2\nu a)\operatorname{cotg} a\, da + \frac{(-1)^{\nu+1}-1}{2\nu+2} + \frac{(-1)^{\nu}-1}{2\nu} + \ldots,$$

wo die Punkte eine mit verschwindendem ε verschwindende Potenzreihe von ε bedeuten.

Setzt man jetzt zur Abkürzung

$$\frac{\pi}{2}\nu c_\nu = b_\nu,$$

so ist mit Rücksicht auf (3) und (4)

$$b_\nu = \lim_{\varepsilon \to 0}\left[\log \varepsilon + \int_{\varepsilon}^{\frac{\pi}{2}} \cos(2\nu a)\operatorname{cotg} a\, da\right],$$

und mit Rücksicht auf (6)

$$(7)\qquad b_{\nu+1} = b_\nu + \frac{(-1)^{\nu}-1}{2\nu} + \frac{(-1)^{\nu+1}-1}{2(\nu+1)}.$$

Hieraus errechnet sich, da außerdem (vgl. (5)) der Wert von b_1 bekannt ist, für $n = 1, 2, 3, 4, \ldots$ die unendliche Folge

$$b_1 = -1 \qquad b_2 = -1 - \tfrac{1}{1}$$
$$b_3 = -1 - \tfrac{1}{1} - \tfrac{1}{3} \qquad b_4 = -1 - \tfrac{1}{1} - \tfrac{1}{3} - \tfrac{1}{3}$$
$$b_5 = -1 - \tfrac{1}{1} - \tfrac{1}{3} - \tfrac{1}{3} - \tfrac{1}{5} \qquad b_6 = -1 - \tfrac{1}{1} - \tfrac{1}{3} - \tfrac{1}{3} - \tfrac{1}{5} - \tfrac{1}{5}$$
$$\ldots\ldots\ldots \qquad \ldots\ldots\ldots$$

d. h. es ist

$$b_{2n-1} = -\left(\frac{2}{1} + \frac{2}{3} + \frac{2}{5} + \ldots + \frac{2}{2n-3} + \frac{1}{2n-1}\right)$$

und

$$b_{2n} = -\left(\frac{2}{1} + \frac{2}{3} + \frac{2}{5} + \cdots + \frac{2}{2n-1}\right).$$

Die Allgemeingiltigkeit dieser beiden Formeln erhärtet man dadurch, daß man aus der letzten mit Hilfe von (7) noch b_{2n+1} und b_{2n+2} rechnet und dann den Schluß von n auf $n+1$ anwendet. Hieraus ergibt sich nun

$$(8)\quad c_{2n-1} = -\frac{2}{\pi}\left(\frac{2}{1} + \frac{2}{3} + \frac{2}{5} + \cdots + \frac{2}{2n-3} + \frac{1}{2n-1}\right)\frac{1}{2n-1}$$

und

$$(9)\qquad c_{2n} = -\frac{2}{\pi}\left(\frac{1}{1} + \frac{1}{3} + \frac{1}{5} + \cdots + \frac{1}{2n-1}\right)\frac{1}{n}.$$

Damit sind die Koeffizienten der Reihe (2) bestimmt. Setzt man jetzt in Gleichung (2) an Stelle von x den Wert $\pi - x$ ein, so erhält man

$$(10)\quad \log\cos\frac{x}{2} = c_1 \sin x - c_2 \sin(2x) + c_3 \sin(3x) - \cdots,$$

welche Gleichung wiederum für $0 < x < \pi$ giltig ist.

Durch Addition von (2) und (10) mit Hinzufügung von $\log 2$ auf jeder Seite erhält man mit Rücksicht auf die Werte (8) der Koeffizienten c_{2n-1}

$$(11)\quad \log\sin x = \log 2 - \frac{4}{\pi}\left\{\frac{1}{1}\,\frac{\sin x}{1} + \left(\frac{2}{1} + \frac{1}{3}\right)\frac{\sin(3x)}{3}\right.$$
$$\left. + \left(\frac{2}{1} + \frac{2}{3} + \frac{1}{5}\right)\frac{\sin(5x)}{5} + \left(\frac{2}{1} + \frac{2}{3} + \frac{2}{5} + \frac{1}{7}\right)\frac{\sin(7x)}{7} + \cdots\right\}.$$

Subtrahiert man jedoch (10) von (2), so ergibt sich im Hinblick auf die Werte (9) der Koeffizienten c_{2n}

$$(12)\quad \log \operatorname{tg}\frac{x}{2} = -\frac{4}{\pi}\left\{\frac{1}{1}\frac{\sin(2x)}{1} + \left(\frac{1}{1}+\frac{1}{3}\right)\frac{\sin(4x)}{2} + \left(\frac{1}{1}+\frac{1}{3}+\frac{1}{5}\right)\frac{\sin(6x)}{3} + \left(\frac{1}{1}+\frac{1}{3}+\frac{1}{5}+\frac{1}{7}\right)\frac{\sin(8x)}{4} + \cdots\right\}.$$

Diese Gleichung liegt mehr an der Oberfläche als die Gleichung (11), indem die Gleichung (12) unmittelbar aus der Potenzentwicklung einer elementaren Funktion hergeleitet werden kann[1]). Ich ziehe noch einige Folgerungen aus der Gleichung (11). Setzt man in ihr $x = \frac{\pi}{2}$, so wird die linke Seite gleich Null, und man erhält

[1]) Es ist nämlich für ein komplexes z, dessen Absolutbetrag kleiner als 1 ist,

$$\begin{aligned}&\tfrac{1}{1}z + (\tfrac{1}{1}+\tfrac{1}{3})z^3 + (\tfrac{1}{1}+\tfrac{1}{3}+\tfrac{1}{5})z^5 + \cdots\\ &= \frac{z}{1}(1+z^2+z^4+\cdots) + \frac{z^3}{3}(1+z^2+z^4+\cdots) + \frac{z^5}{5}(1+z^2+z^4+\cdots) + \cdots\\ &= \left(\frac{z}{1}+\frac{z^3}{3}+\frac{z^5}{5}+\cdots\right)\frac{1}{1-z^2} = \tfrac{1}{2}\frac{1}{1-z^2}\log\frac{1+z}{1-z},\end{aligned}$$

woraus man durch Integration die Gleichung

$$\tfrac{1}{1}\frac{z^2}{2} + (\tfrac{1}{1}+\tfrac{1}{3})\frac{z^4}{4} + (\tfrac{1}{1}+\tfrac{1}{3}+\tfrac{1}{5})\frac{z^6}{6} + \cdots = \tfrac{1}{8}\left(\log\frac{1+z}{1-z}\right)^2$$

erhält. Diese Gleichung, die man auch dadurch erhalten kann, daß man die Potenzentwicklung von

$$\log\frac{1+z}{1-z}$$

mit sich selbst multipliziert, gibt mit $z = re^{ix}$, wenn man den reellen und imaginären Teil trennt und für den Grenzübergang $r \to 1$ den Abel'schen Hilfssatz benutzt, unter anderem die Gleichung (12).

Eine ähnliche Potenzentwicklung ist diese:

$$\frac{z^2}{2} + (1+\tfrac{1}{2})\frac{z^3}{3} + (1+\tfrac{1}{2}+\tfrac{1}{3})\frac{z^4}{4} + \cdots + \left(1+\tfrac{1}{2}+\tfrac{1}{3}+\cdots+\frac{1}{k}\right)\frac{z^{k+1}}{k+1} + \cdots = \tfrac{1}{2}(\log(1-z))^2.$$

Aus den beiden hier erwähnten Potenzreihen ergeben sich die Zahlenreihen, die bei Knopp, Theorie und Anwendung der unendlichen Reihen, 1924, S. 324 unter (a) und (b) durch Produktbildung aus speziellen Reihen abgeleitet worden sind (bei der Gleichung (b) fehlt auf der rechten Seite der Faktor $\frac{1}{2}$).

$$\frac{\pi}{4}\log 2 = \frac{1}{1} - \left(\frac{2}{1}+\frac{1}{3}\right)\frac{1}{3} + \left(\frac{2}{1}+\frac{2}{3}+\frac{1}{5}\right)\frac{1}{5} - \left(\frac{2}{1}+\frac{2}{3}+\frac{2}{5}+\frac{1}{7}\right)\frac{1}{7} + \cdots$$

Integriert[1]) man Gleichung (11) von 0 bis $\frac{\pi}{2}$, so kommt auf die linke Seite das von **Euler** ausgewertete Integral

$$\int_0^{\frac{\pi}{2}} \log\sin x\, dx = -\frac{\pi}{2}\log 2$$

zu stehen, und es ergibt sich schließlich

$$\frac{\pi^2}{4}\log 2 = \frac{1}{1}\,\frac{1}{1^2} + \left(\frac{2}{1}+\frac{1}{3}\right)\frac{1}{3^2} + \left(\frac{2}{1}+\frac{2}{3}+\frac{1}{5}\right)\frac{1}{5^2} + \left(\frac{2}{1}+\frac{2}{3}+\frac{2}{5}+\frac{1}{7}\right)\frac{1}{7^2} + \cdots$$

---

[1]) Die Reihe (11) ist im Intervall $\delta\,..\,\pi-\delta$, wenn δ einen kleinen positiven Wert bedeutet, gleichmäßig konvergent. Man erkennt dies, indem man die in Klammer gesetzte Reihe als Differenz von

$$* \quad \tfrac{2}{1}\,\frac{\sin x}{1} + \left(\tfrac{2}{1}+\tfrac{2}{3}\right)\frac{\sin(3x)}{3} + \left(\tfrac{2}{1}+\tfrac{2}{3}+\tfrac{2}{5}\right)\frac{\sin(5x)}{5} + \cdots$$

und von

$$** \quad \frac{\sin x}{1^2} + \frac{\sin(3x)}{3^2} + \frac{\sin(5x)}{5^2} + \cdots$$

auffaßt. Dabei ist die Reihe ** sogar für alle reellen x absolut und gleichmäßig konvergent. Die gleichmäßige Konvergenz der Reihe * in dem genannten Intervall ergibt sich daraus, daß die Summe $\sum_{\nu=1}^{n}\sin((2\nu-1)x)$ in diesem Intervall für alle n beschränkt ist, und daß sich der n^{te} Koeffizient a_n in die Form

$$2\left[\left(\tfrac{1}{1}+\tfrac{1}{3}+\tfrac{1}{5}+\cdots+\frac{1}{2n-1}\right)\frac{1}{n}\right]\cdot\frac{n}{2n-1}$$

setzen läßt. Hier steht in der eckigen Klammer das arithmetische Mittel aus $\frac{1}{1}, \frac{1}{3}, \frac{1}{5}, \cdots \frac{1}{2n-1}$, weshalb beide Faktoren des letzten Ausdrucks mit zunehmendem n abnehmen, und der ganze Ausdruck mit $n \to \infty$ gegen Null geht. Es ist also $a_{n+1} < a_n$ und $\lim_{n\to\infty} a_n = 0$, womit sich dann die Konvergenz vollends ergibt.

Die Reihe, die durch das Integrieren von (11) entsteht, konvergiert absolut und gleichmäßig für alle reellen x und stellt somit eine auch an den Enden des Intervalls $0\ldots\pi$ stetige Funktion vor, weshalb 0 (und π) in sie eingesetzt werden darf.

§ 2.

Ein Grenzwert.

Im nächsten Paragraphen soll eine neue Herleitung der Kummer'schen Reihe gegeben werden. Dabei wird neben dem Integral

$$\int_0^{+\infty} \frac{\sin x}{x}\, dx = \frac{\pi}{2} \tag{13}$$

der Grenzwert

$$\lim_{\varepsilon \to 0} \left\{ \log \varepsilon + \int_\varepsilon^{+\infty} \frac{\cos x}{x}\, dx \right\} = -C \tag{14}$$

gebraucht werden, wobei C die Euler'sche Konstante bedeutet.

Der Grenzwert (14) scheint nicht allgemein bekannt zu sein, und ich habe ihn bis jetzt in der Literatur nicht finden können. Er kann, zusammen mit dem überaus bekannten Integral (13), dadurch ermittelt werden, daß man das komplexe Integral

$$\int \frac{e^{-z}}{z}\, dz \tag{15}$$

um eine Viertelsebene herumführt und den Cauchy'schen Integralsatz anwendet. Begrenzt man nämlich den ersten Quadranten der komplexen Zahlenebene nach außen durch einen großen, von $+R$ nach $+Ri$ und nach innen durch einen kleinen, von $+\varepsilon i$ nach $+\varepsilon$ geführten Viertelskreis, so geht das Integral über den ersten Viertelskreis mit $R \to \infty$ gegen Null. Es bedarf das aber eines Beweises. Zu diesem Zweck setze ich

$$z = Re^{i\varphi} \qquad \left(\varphi = 0 \cdots \frac{\pi}{2}\right)$$

und teile das Intervall der Variablen φ in $0 \cdots \frac{\pi}{2} - \gamma$ und $\frac{\pi}{2} - \gamma \cdots \frac{\pi}{2}$. Das Integral über den Viertelkreis ist dann gleich der Summe

$$i \int_0^{\frac{\pi}{2}-\gamma} e^{-R(\cos\varphi + i \sin\varphi)}\, d\varphi + i \int_{\frac{\pi}{2}-\gamma}^{\frac{\pi}{2}} e^{-R(\cos\varphi + i\sin\varphi)}\, d\varphi.$$

Hier ist aber nach einer sehr einfachen Abschätzung der erste Teil absolut kleiner als

$$\frac{\pi}{2} e^{-R \sin \gamma}$$

und der zweite nicht größer als das Intervall γ. Nimmt man jetzt $\gamma < \frac{\tau}{2}$ und von Null verschieden an und hält nach der Festlegung dieses γ den Wert R über einer hinreichend großen Grenze, so kann man erreichen, daß auch der erste Teil obiger Summe kleiner als $\frac{\tau}{2}$ und somit das Integral über den großen Viertelkreis absolut kleiner als τ ist. Dabei konnte von vornherein τ beliebig klein gewählt werden.

Wendet man auf das Integral (15) den Cauchy'schen Satz an, indem man im positiven Sinn um die oben genauer begrenzte Viertelsebene herumgeht[1]), so ergibt sich das Integral über den kleinen Viertelskreis nahe gleich $-\frac{\pi i}{2}$, falls ε sehr klein ist, und man erhält

$$\text{(16)} \qquad \int_{+Ri}^{+\varepsilon i} \frac{e^{-z}}{z} dz - \frac{\pi i}{2} + \int_{\varepsilon}^{R} \frac{e^{-z}}{z} dz + \delta = 0,$$

wobei

$$\lim_{\substack{R \to \infty \\ \varepsilon \to 0}} \delta = 0$$

ist. Verwandelt man nun das erste Integral der Gleichung (16) in ein solches über ein reelles Intervall und rechnet man das zweite durch partielle Integration um, so ergibt sich

---

1) Kronecker (Vorlesungen über die Theorie der einfachen und der vielfachen Integrale, 1894, S. 246) hat das Integral

$$\int e^{-z} z^{q-1} dz$$

um genau dasselbe Gebiet herumgeführt, da er aber $0 < q < 1$ angenommen hat, in welchem Fall auch das über den kleinen inneren Viertelskreis erstreckte Integral an der Grenze verschwindet, ist ihm unsere Gleichung (14) entgangen.

$$\int\limits_{+R}^{+\varepsilon} \frac{\cos x - i \sin x}{x} dx - \frac{\pi i}{2} + e^{-R} \log R - e^{-\varepsilon} \log \varepsilon + \int\limits_{+\varepsilon}^{+R} e^{-z} \log z \, dz$$
$$+ \delta = 0.$$

Trennt man hier das Reelle vom Imaginären und geht in beiden Teilen der Gleichung zur Grenze $R \rightarrow \infty$ und $\varepsilon \rightarrow 0$ über, so ergibt der reelle Teil

$$\lim_{\varepsilon \rightarrow 0} \left\{ \int\limits_{+\varepsilon}^{+\infty} \frac{\cos x}{x} dx + \log \varepsilon \right\} = \int\limits_{0}^{+\infty} e^{-z} \log z \, dz = -C,$$

während sich aus dem imaginären Teil die Gleichung (13) ergibt.

§ 3.

Neue Herleitung der Kummer'schen Reihe.

Die Kummer'sche Reihe ergibt sich, wenn man die Funktion $\log \Gamma(x)$ für $0 < x < 1$ in eine Sinus-Cosinus-Reihe entwickelt. Nach der Theorie muß nämlich für das genannte Intervall

$$(17) \qquad \log \Gamma(x) = \tfrac{1}{2} a_0 + \sum_{\nu=1}^{\infty} (a_\nu \cos(2 \nu \pi x) + b_\nu \sin(2 \nu \pi x))$$

sein, wenn

$$(18) \qquad a_\nu = 2 \int\limits_0^1 \log \Gamma(x) \cos(2 \nu \pi x) \, dx \qquad (\nu = 0, 1, 2, \ldots)$$

und

$$(19) \qquad b_\nu = 2 \int\limits_0^1 \log \Gamma(x) \sin(2 \nu \pi x) \, dx \qquad (\nu = 1, 2, 3, \ldots)$$

gesetzt wird. Kummer[1]) selbst hat die Zahlen a_ν mit Hilfe einer Eigenschaft der Gammafunktion, die Zahlen b_ν aus der Formel (19) mit Hilfe der Integraldarstellung von $\log \Gamma(x)$, also mit Hilfe eines Doppelintegrals bestimmt. Da hierbei die Integrationsfolge umgekehrt wird, während der Integrand am Ende des einen Integrationsintervalls unendlich groß wird, so dürfte eine

---

[1]) Vgl. Journal f. d. reine und angewandte Mathematik, Bd. 35, 1847, S. 1—4.

vollständig genaue Durchführung dieses Verfahrens nicht so ganz einfach sein.

Die folgende Herleitung[1]) genügt den Anforderungen der Strenge und ist dabei sehr kurz, wenn man die Gleichungen (13) und (14) voraussetzen darf. Gleichung (13) ergibt, wenn $2n\pi x$ an Stelle von x eingesetzt, und $n > 0$ angenommen wird,

$$\int_0^{+\infty} \frac{\sin(2n\pi x)}{x}\, dx = \frac{\pi}{2}. \tag{20}$$

Dabei wollen wir uns noch n als ganze Zahl denken. Wir teilen nun das Integrationsintervall in Perioden[2]) und nehmen statt des Integrals zunächst die endliche Summe

$$\sum_{\mu=0}^{m-1} \int_{\mu}^{\mu+1} \frac{\sin(2n\pi x)}{x}\, dx. \tag{21}$$

Setzt man jetzt unter dem letzten Integral $x + \mu$ für x, so erhält man, da n und μ ganz sind, und deshalb

$$\sin(2n\pi(x+\mu)) = \sin(2n\pi x)$$

ist, folgenden Ausdruck

$$\sum_{\mu=0}^{m-1} \int_0^1 \frac{\sin(2n\pi x)}{x+\mu}\, dx = \int_0^1 \sin(2n\pi x) \left(\sum_{\mu=0}^{m-1} \frac{1}{x+\mu} \right) dx.$$

Da ferner

$$\int_0^1 \sin(2n\pi x)\, dx = 0$$

ist, kann man unter dem Integral in der Summe konstante Glieder zusetzen[3]), wodurch man

[1]) Es gibt noch andere Ableitungen der Kummer'schen Reihe (vgl. den Artikel von Brunel in der Math. Enzykl. II, 1. 1, S. 164).

[2]) Kronecker (a. a. O., S. 66/7) hat durch ein ähnliches Verfahren die Gleichung (13) bewiesen; dabei hat er aber zunächst das Integral von $-\infty$ bis $+\infty$ genommen und in halbe Periodenintervalle eingeteilt.

[3]) Diese Methode, unter dem Integral dem mit der oscillierenden Funktion multiplizierten Ausdruck Konstanten zuzusetzen, entspricht einem schon 1840 von Hamilton benutzten Kunstgriff (Transactions of the R. Irish Academy, vol. XIX, p. 269 oben).

(22) $$\int_0^1 \sin(2n\pi x)\left\{C + \frac{1}{x} + \sum_{\mu=1}^{m-1}\left(\frac{1}{x+\mu} - \frac{1}{\mu}\right)\right\} dx$$

erhält, wo C wieder die Euler'sche Konstante bedeuten soll.

Nun ist die ins Unendliche erstreckte Summe

$$C + \sum_{\mu=1}^{\infty}\left(\frac{1}{x+\mu} - \frac{1}{\mu}\right)$$

der logarithmische Differentialquotient des Weierstraß'schen Produkts

$$e^{Cx}\prod_{\mu=1}^{\infty}\left\{\left(1+\frac{x}{\mu}\right)e^{-\frac{x}{\mu}}\right\} = \frac{1}{x\,\Gamma(x)}\text{[1]},$$

und es geht deshalb die endliche Summe

(23) $$C + \sum_{\mu=1}^{m-1}\left(\frac{1}{x+\mu} - \frac{1}{\mu}\right),$$

wenn m unendlich groß wird, für das ganze Intervall von 0 bis 1 (mit Einschluß der Endwerte), gleichmäßig in die in diesem Intervall reguläre Funktion

(24) $$-\frac{\Gamma'(x)}{\Gamma(x)} - \frac{1}{x}$$

über.

Man erkennt jetzt, daß man den Grenzwert des Ausdrucks (22) für $m \to \infty$ dadurch erhält, daß man unter dem Integral zur Grenze übergeht, und erhält mit Rücksicht auf (20)

$$-\int_0^1 \sin(2n\pi x)\,\frac{\Gamma'(x)}{\Gamma(x)}\,dx = \frac{\pi}{2}.$$

Integriert man hier noch partiell, wobei die vor das Integral tretenden Größen beim Übergang in 0 bzw. 1 verschwinden, so ergibt sich im Hinblick auf (18)

(25) $$n a_n = 2n\int_0^1 \log\Gamma(x)\cos(2n\pi x)\,dx = \tfrac{1}{2}.$$

[1]) Diese Formel wird durch eine leichte Umformung des bekannten, die Gammafunktion darstellenden *Limes* erhalten.

Diese Gleichung ist nur für $n = 1, 2, 3, \ldots$ giltig (vgl. (20)), und es muß noch die bekannte Relation

$$(26) \qquad a_0 = 2\int_0^1 \log \Gamma(x)\, dx = \log(2\pi)$$

hinzugefügt werden.

In derselben Weise wie aus Gleichung (13) lassen sich jetzt aus (14) Folgerungen ziehen. Setzt man hier die Integrationsvariable

$$x = 2n\pi y \qquad (n = 1, 2, 3, \ldots)$$

und bezeichnet man gleichzeitig $\frac{\varepsilon}{2n\pi}$ mit ε', so ergibt sich

$$\lim_{\varepsilon' \to 0}\left\{\log(2n\pi\varepsilon') + \int_{\varepsilon'}^{+\infty} \frac{\cos(2n\pi y)}{y}\, dy\right\} = -C,$$

weshalb

$$(27) \qquad \lim_{\varepsilon \to 0}\left\{\log \varepsilon + \int_{\varepsilon}^{+\infty} \frac{\cos(2n\pi x)}{x}\, dx\right\} = -C - \log(2n\pi)$$

ist.

Der Grenzwert auf der linken Seite der letzten Gleichung kann so wie das frühere Integral (20) behandelt werden. Man hat in dem Ausdruck

$$(28) \qquad \log \varepsilon + \int_{\varepsilon}^{1} \frac{\cos(2n\pi x)}{x}\, dx + \sum_{\mu=1}^{m-1} \int_{\mu}^{\mu+1} \frac{\cos(2n\pi x)}{x}\, dx$$

zuerst $m \to \infty$ und dann $\varepsilon \to 0$ gehen zu lassen. Nun ist aber der Ausdruck (28) (vgl. die Umformung, die (21) in (22) übergeführt hat) genau gleich

$$\log \varepsilon + \int_{\varepsilon}^{1} \frac{\cos(2n\pi x)}{x}\, dx + \int_0^1 \cos(2n\pi x)\left\{C + \sum_{\mu=1}^{m-1}\left(\frac{1}{x+\mu} - \frac{1}{\mu}\right)\right\} dx,$$

und man erhält, wenn hier zunächst nur m zur Grenze ∞ übergeht, wegen der gleichmäßigen Annäherung von (23) an (24),

$$(29) \qquad \log \varepsilon + \int_{\varepsilon}^{1} \frac{\cos(2n\pi x)}{x}\, dx - \int_0^1 \cos(2n\pi x)\left[\frac{\Gamma'(x)}{\Gamma(x)} + \frac{1}{x}\right] dx.$$

Ehe wir hier zur Grenze $\varepsilon \to 0$ übergehen, können wir dem letzten Integral, wegen der Regularität des unter ihm stehenden Integranden, die untere Grenze ε statt 0 erteilen. Es entsteht so aus (29) ein Ausdruck, der sich in

$$\log \varepsilon - \int_{\varepsilon}^{1} \frac{\Gamma'(x)}{\Gamma(x)} \cos(2 n \pi x)\, dx$$

zusammenziehen läßt. Integriert man hier partiell, so ergibt sich

$$(30)\quad \log \varepsilon + \log \Gamma(\varepsilon) \cdot \cos(2 n \pi \varepsilon) - 2 n \pi \int_{\varepsilon}^{1} \log \Gamma(x) \sin(2 n \pi x)\, dx.$$

Es ist aber

$$(31)\qquad \log \Gamma(\varepsilon) \cos(2 n \pi \varepsilon) = -\log \varepsilon + \delta,$$

wo

$$\lim_{\varepsilon \to 0} \delta = 0.$$

Nach dem eben Bewiesenen muß der Ausdruck (30) mit $\varepsilon \to 0$ in denselben Grenzwert wie (29), d. h. also in (27) übergehen. Man erhält also mit Rücksicht auf (31), wenn noch (19) beachtet wird,

$$(32)\quad n \pi b_n = 2 n \pi \int_0^1 \log \Gamma(x) \sin(2 n \pi x)\, dx = C + \log(2 n \pi).$$

Setzt man jetzt die in (25), (26) und (32) gegebenen Koeffizientenwerte in (17) ein, so erhält man die Gleichung

$$\log \Gamma(x) = \tfrac{1}{2} \log(2 \pi) + \sum_{n=1}^{\infty} \left\{ \frac{1}{2 n} \cos(2 n \pi x) + \frac{C + \log(2 n \pi)}{n \pi} \sin(2 n \pi x) \right\},$$

die für

$$0 < x < 1$$

giltig ist. Nachdem man dann noch die beiden bekannten Reihen, die für sich konvergieren:

$$\sum_{n=1}^{\infty} \frac{1}{2 n} \cos(2 n \pi x) = -\tfrac{1}{2} \log 2 - \tfrac{1}{2} \log \sin(\pi x)$$

und

$$\sum_{n=1}^{\infty} \frac{C + \log \pi}{n\pi} \sin(2n\pi x) = (C + \log \pi)\frac{1-2x}{2}$$

abgetrennt und durch ihre Summen ersetzt hat, ergibt sich die Kummer'sche Reihe in der gewöhnlichen Form

$$\log \Gamma(x) = (1-x)\log \pi + C(\tfrac{1}{2} - x) - \tfrac{1}{2}\log\sin(\pi x)$$
$$+ \frac{1}{\pi}\sum_{n=1}^{\infty} \frac{\log(2n)}{n}\sin(2n\pi x).$$

Geometrische Überlegungen zu den Grundgleichungen der Flächentheorie.

Von **Robert Sauer.**

Mit 4 Textfiguren.

Vorgelegt von S. Finsterwalder in der Sitzung am 5. Mai 1928.

Die Grundgleichungen der Flächentheorie von Mainardi-Codazzi und von Gauß sind in neuerer Zeit von Herrn A. Voss[1]) und Herrn M. Lagally[2]) sehr kurz und mit den einfachsten analytischen Mitteln abgeleitet worden. Trotzdem dürfte die Mitteilung der nachfolgenden geometrischen Überlegungen nicht überflüssig sein, weil diese anstelle des analytischen Begriffs der Integrabilitätsbedingungen lediglich Begriffe der geometrischen Anschauung verwenden und dadurch in gewissem Sinne einen unmittelbareren Einblick in das Problem gewähren. Soweit es sich um den Gauß'schen Satz handelt, stützen sich die Untersuchungen wesentlich auf Vorlesungen des Herrn Geheimrats S. Finsterwalder[3]).

I. Die Gleichungen von Mainardi-Codazzi.

Wir betrachten ein von Krümmungslinien gebildetes infinitesimales Rechteck. Die Flächennormalen in den Eckpunkten des Rechtecks schneiden sich bis auf Fehler dritter Ordnung in den

---

[1]) A. Voss, Über die Grundgleichungen der Flächentheorie, Sitzungsberichte der bayer. Akademie der Wissenschaften, math.-naturwissenschaftl. Abt. 1927, p. 1—3.

[2]) M. Lagally, Die Verwendung des begleitenden Dreibeins für den Aufbau der natürlichen Geometrie, ebenda 1927, p. 5—16.

[3]) S. Finsterwalder, Mechanische Beziehungen bei der Flächendeformation, Jahresbericht der Deutschen Mathematikervereinigung, 6, 1899, p. 45—90, insbesondere p. 61.

Krümmungsmittelpunkten M_1, M_1', M_2, M_2'. Man kann daher bis auf Fehler 1. Ordnung $\varrho_1 = PM_1 = P_1 M_1$, $\varrho_2 = PM_2 = P_2 M_2$, $\varrho_1' = P_2 M_1' = P' M_1'$, $\varrho_2' = P_1 M_2' = P' M_2'$ als Mittelwerte des 1. bzw. des 2. Hauptkrümmungsradius für die Bogenelemente ds_1, ds_2, ds_1', ds_2' ansetzen.

Zieht man $M_1 Y_1 // ds_2$, $M_2 Y_2 // ds_1$, so wird

$$M_1' Y_1 = -(\varrho_1' - \varrho_1) = -d\varrho_1 \text{ und } M_2' Y_2 = \varrho_2' - \varrho_2 = d\varrho_2.$$

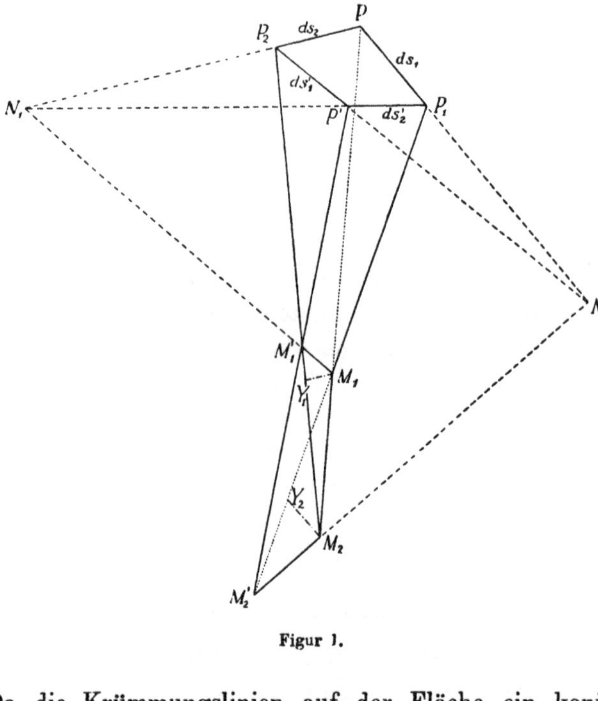

Figur 1.

Da die Krümmungslinien auf der Fläche ein konjugiertes Kurvensystem bilden, so schneiden sich, wiederum bis auf Fehler dritter Ordnung, die Sehnen der Bogenelemente ds_1 und ds_1' in N_2 und die Sehnen der Bogenelemente ds_2 und ds_2' in N_1. Weil zudem die Krümmungslinien aufeinander senkrecht stehen, sind dann N_1 und N_2 die geodätischen Krümmungsmittelpunkte für die Bogenelemente ds_1 und ds_2. Die zugehörigen Radien der geodätischen Krümmung sollen mit $\gamma_1 = PN_1$, $\gamma_2 = PN_2$ bezeichnet werden. N_2 muß auf der Schnittlinie der Ebenen $\{M_1, ds_1\}$,

$\{M_1', ds_1'\}$ liegen, d. h. auf der Geraden $M_2' M_2$; ebenso liegt N_1 auf der Schnittlinie der Ebenen $\{M_2, ds_2\}$, $\{M_2', ds_2'\}$, d. h. auf der Geraden M_1', M_1.

Nun ist aber bis auf Abweichungen 1. Ordnung für die Dreieckswinkel

$$1)\ \Delta P M_1 N_1 \sim \Delta Y_1 M_1' M_1,$$
$$2)\ \Delta P M_2 N_2 \sim \Delta Y_2 M_2' M_2.$$

Daraus folgt:

$$1)\ \frac{PM_1}{PN_1} = \frac{Y_1 M_1'}{Y_1 M_1}, \qquad 2)\ \frac{PM_2}{PN_2} = \frac{Y_2 M_2'}{Y_2 M_2}.$$

Durch Einsetzen der Werte

$$PM_1 = \varrho_1, \qquad PM_2 = \varrho_2,$$
$$PN_1 = \gamma_1, \qquad PN_2 = \gamma_2,$$
$$Y_1 M_1' = -d\varrho_1, \qquad Y_2 M_2' = d\varrho_2,$$
$$Y_1 M_1 = \frac{\varrho_2 - \varrho_1}{\varrho_2} ds_2, \qquad Y_2 M_2 = \frac{\varrho_2 - \varrho_1}{\varrho_1} ds_1$$

kommt

$$1)\ \frac{\varrho_1}{\gamma_1} = -\frac{d\varrho_1}{ds_2} \frac{\varrho_2}{\varrho_2 - \varrho_1},$$
$$2)\ \frac{\varrho_2}{\gamma_2} = \frac{d\varrho_2}{ds_1} \frac{\varrho_1}{\varrho_2 - \varrho_1}.$$

Diese Gleichungen sind die Mainardi-Codazzi'schen Beziehungen[1]). Schreibt man statt der Zuwächse $d\varrho_1$, $d\varrho_2$ die Ausdrücke

$$d\varrho_1 = \frac{\partial \varrho_1}{\partial s_2} ds_2, \qquad d\varrho_2 = \frac{\partial \varrho_2}{\partial s_1} ds_1,$$

so erhält man die endgültigen Formeln:

$$\boxed{\begin{aligned} 1)\ \frac{\partial \varrho_1}{\partial s_2} &= \frac{(\varrho_1 - \varrho_2)\varrho_1}{\varrho_2 \gamma_1} \\ 2)\ \frac{\partial \varrho_2}{\partial s_1} &= \frac{(\varrho_2 - \varrho_1)\varrho_2}{\varrho_1 \gamma_2} \end{aligned}}$$

---

1) Vgl. M. Lagally, a. a. O. p. 14.

II. Die Gauß'sche Gleichung.

Zunächst gebe ich eine rein geometrische Ableitung des Gauß-Bonnet'schen Integralsatzes an, wie sie in ähnlicher Weise von Herrn S. Finsterwalder in seinen Vorlesungen über Differentialgeometrie vorgetragen wird und wie sie bereits zum Teil in der schon zitierten Finsterwalder'schen Arbeit angedeutet ist. Die Gauß'sche Gleichung in der Liouville'schen Form wird sich dann als naheliegende Folge des Gauß-Bonnet'schen Integralsatzes ergeben.

1. Der Gauß-Bonnet'sche Satz.

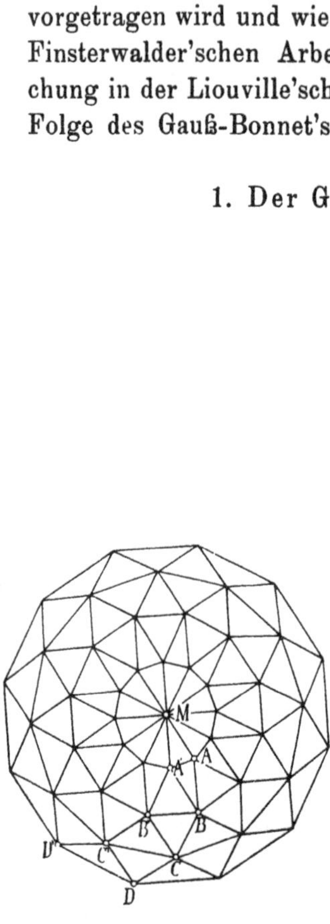

Figur 2.

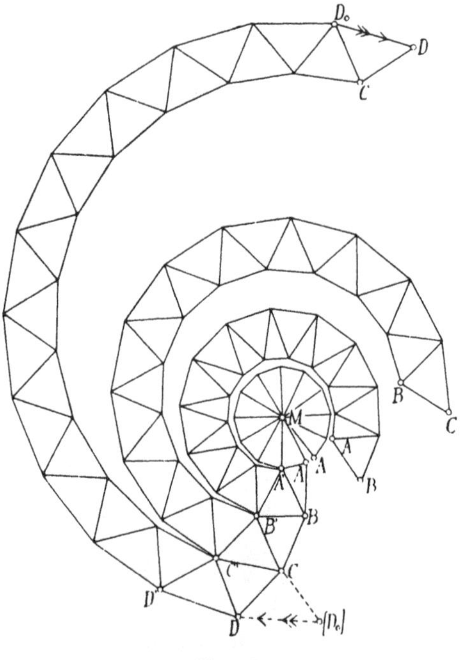

Figur 3.

Ein einfach zusammenhängendes Flächenstück wird durch eine Folge geschlossener, sich nicht schneidender Kurven in eine Reihe ringförmiger Gebiete und in ein einfach zusammenhängendes Gebiet im Inneren des engsten Ringes zerlegt. Auf jeder der geschlossenen Kurven nimmt man n etwa jeweils nach gleichen Bogenlängen aufeinander folgende Punkte an; ferner wird ein

Punkt M im Inneren des von den Ringen umschlossenen einfach zusammenhängenden Bereiches willkürlich gewählt. Es lassen sich dann die sämtlichen festgelegten Punkte durch gerade Linien in der Weise verbinden, daß sich ein aus lauter Dreiecken bestehendes polyedrisches Gefüge ergibt, wie es in Figur 2 angedeutet ist. Und zwar ist M die Spitze eines n-Kantes, die n benachbarten Punkte sind die Spitzen von n 5-Kanten, in den Randpunkten stoßen je 3, in allen übrigen Punkten je 6 Dreiecke zusammen. Wenn man das polyedrische Dreiecksgefüge immer engmaschiger werden läßt, konvergiert es schließlich gegen das vorgegebene Flächenstück.

Es wird nun ein einfacher Satz über die polyedrischen Dreiecksgefüge selbst abgeleitet, der dann beim Grenzübergang zur Fläche unmittelbar auf den Gauß-Bonnet'schen Integralsatz führt.

a) Das polyedrische Dreiecksgefüge kann auf die Einheitskugel durch die zu den Dreiecksebenen senkrechten Kugelradien abgebildet werden. Über den Richtungssinn der Normalen sind die aus der Flächentheorie bekannten Festsetzungen zu treffen. Auf diese Weise werden dem n-Kant mit der Spitze M, den n benachbarten 5-Kanten sowie den 6-Kanten des polyedrischen Dreiecksgefüges ihre Polarkante zugeordnet, welche alle den Mittelpunkt der Einheitskugel als gemeinsame Spitze besitzen. Die Polarkante schneiden auf der Kugeloberfläche ein von Hauptkreisbögen begrenztes Gebiet aus, welches aus 1 sphärischen n-Eck, n sphärischen 5-Ecken und im übrigen aus sphärischen 6-Ecken besteht und welches das „sphärische Bild“ des Dreiecksgefüges genannt werden soll.

Nach elementargeometrischen Sätzen ist der Flächeninhalt eines der genannten sphärischen Vielecke gleich der Differenz ε der Seitenwinkelsumme an der Spitze des zugehörigen Vielkants im polyedrischen Dreiecksgefüge gegenüber dem vollen Winkel 2π. Der Gesamtflächeninhalt F des sphärischen Bildes ist also gleich der algebraischen Summe

$$(1)\quad F = \Sigma\varepsilon,$$

wobei die Summation über das n-Kant, die n 5-Kante und die sämtlichen 6-Kante sich erstreckt.

Aus Formel (1) folgt nebenbei, daß bei jeder Deformation des Dreiecksgefüges, bei der die einzelnen Dreiecke starr bleiben, der Flächeninhalt des sphärischen Bildes sich nicht ändert.

Weiterhin kann man dem Winkel $\Sigma \varepsilon$ eine einfache geometrische Deutung geben:

Wir denken uns zunächst das n-Kant in die Ebene ausgebreitet, hierauf der Reihe nach die einzelnen Ringe von Dreiecken, so daß jeweils eine Dreiecksseite AA', BB', ... gemeinsam ist (Figur 3). Setzt man nun beim äußersten ausgebreiteten Ring das $\Delta CD(D_0) \cong \Delta CDD_0$ an die Seite CD an, so ist aus dem Ausbreitungsprozeß klar, daß der Winkel α, welchen an beiden Enden des äußersten Ringes in der Abwickelung die beiden Strahlen $(D_0)D$ und D_0D miteinander einschließen, gleich ist der Summe der sämtlichen Winkeldifferenzen ε; also

$$(2) \quad \alpha = \Sigma \varepsilon .$$

Wegen (1) folgt dann weiter

$$(3) \quad F = \alpha .$$

Den Figuren 2 und 3 ist ein Glied positiven Krümmungsmaßes zugrunde gelegt, je 2 aneinanderzusetzende Ringe lassen daher bei der Abwickelung einen Spalt.

b) Beim Grenzübergang vom polyedrischen Dreiecksgefüge zur Fläche wird die Abbildung durch senkrechte Radien zu der in der Flächentheorie gebräuchlichen Abbildung durch parallele Normalen und der Flächeninhalt F geht in den Flächeninhalt des sphärischen Bildes des gegebenen Flächenstückes über.

Daß man nun $F = \int\int \frac{ds_1\, ds_2}{\varrho_1 \varrho_2}$ setzen kann, wobei ϱ_1, ϱ_2 die Hauptkrümmungsradien ds_1, ds_2 die Bogenelemente der Krümmungslinien sind, ist geometrisch leicht ersichtlich; denn die von den Krümmungslinien ausgehenden Torsen von Flächennormalen durchsetzen sich orthogonal und es entspricht daher bei der Abbildung durch parallele Normen dem System der Krümmungslinien der gegebenen Fläche auf der Kugel wiederum ein Orthogonalsystem. Die Bogenelemente ds_1, ds_2 werden dabei im Maßstab $\frac{1}{\varrho_1}$, $\frac{1}{\varrho_2}$ verändert. Die Gleichung (1) liefert damit den Gauß'-

schen Satz von der Invarianz der Totalkrümmung gegenüber reiner Verbiegung.

Auch der Winkel α läßt sich beim Übergang zur Fläche in einfacher Weise ausdrücken:

$2\pi - \alpha$ ist der Winkel, um den sich die Tangente der abgewickelten Randkurve dreht, also

$$2\pi - \alpha = \oint \frac{ds}{\gamma},$$

wobei ds das Bogenelement, $\frac{1}{\gamma}$ die geodätische Krümmung der Randkurve bedeutet und die Integration über die geschlossene Randkurve zu erstrecken ist.

Falls die Randkurve Knicke mit den Außenwinkeln β hat, ist allgemeiner zu setzen

$$2\pi - \alpha = \oint \frac{ds}{\gamma} + \Sigma\beta.$$

Durch Einsetzen der gefundenen Ausdrücke für F und α in (3) kommt

$$\iint \frac{ds_1\, ds_2}{\varrho_1 \varrho_2} = 2\pi - \oint \frac{ds}{\gamma} - \Sigma\beta.$$

Wenn man für $ds_1\, ds_2$ das Flächenelement df und für das Krümmungsmaß $\frac{1}{\varrho_1 \varrho_2}$ die Bezeichnung K treten läßt, hat man den Gauß-Bonnet'schen Satz in der gebräuchlichen Form

$$\boxed{\int K\, df + \oint \frac{ds}{\gamma} + \Sigma\beta = 2\pi.}$$

Die Festsetzung des Umlaufsinns für das Randintegral ist aus der Flächentheorie bekannt.

2. Die Gauß'sche Gleichung in der Liouville'schen Form.

Wir betrachten irgend ein Orthogonalsystem auf der gegebenen Fläche und greifen ein infinitesimales Rechteck heraus.

Die 4 Seiten des Rechtecks sind ds_1, ds_1', ds_2, ds_2', die zugehörigen geodätischen Krümmungen $\frac{1}{\gamma_1}$, $\frac{1}{\gamma_1'}$, $\frac{1}{\gamma_2}$, $\frac{1}{\gamma_2'}$.

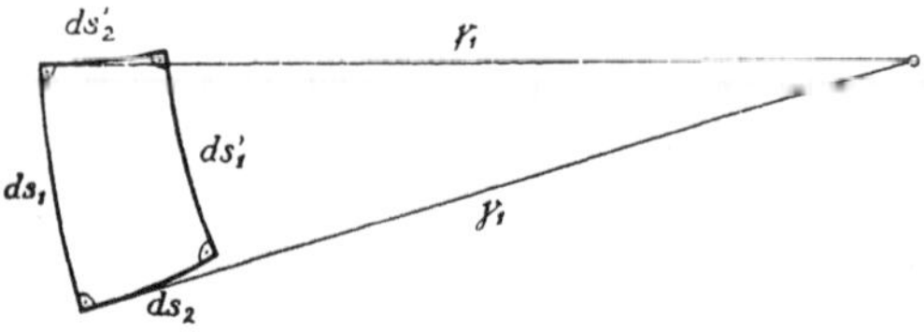

Figur 4.

Durch Anwendung des Gauß-Bonnet'schen Satzes folgt

$$K\,ds_1\,ds_1 + \frac{ds_1}{\gamma_1} + \frac{ds_2}{\gamma_2} - \frac{ds_1'}{\gamma_1'} - \frac{ds_2'}{\gamma_2'} + 2\pi = 2\pi.$$

Unter Vernachlässigung von Fehlern 3. Ordnung für die Bogenelemente ist

$$\frac{ds_1'}{ds_1} = \frac{\gamma_1 - ds_2}{\gamma_1}, \quad \text{also } ds_1' = ds_1\left(1 - \frac{ds_2}{\gamma_1}\right),$$

$$\text{ebenso } ds_2' = ds_2\left(1 - \frac{ds_1}{\gamma_2}\right),$$

$$\text{ferner } \frac{1}{\gamma_1'} = \frac{1}{\gamma_1} + ds_2 \frac{\partial}{\partial s_2}\left(\frac{1}{\gamma_1}\right),$$

$$\frac{1}{\gamma_2'} = \frac{1}{\gamma_2} + ds_1 \frac{\partial}{\partial s_1}\left(\frac{1}{\gamma_2}\right).$$

Durch Einsetzen und Vernachlässigen der Glieder 3. Ordnung ergibt sich die Liouville'sche Form des Gauß'schen Satzes:

$$\boxed{K = -\frac{1}{\gamma_1^2} - \frac{1}{\gamma_2^2} + \frac{\partial}{\partial s_2}\left(\frac{1}{\gamma_1}\right) + \frac{\partial}{\partial s_1}\left(\frac{1}{\gamma_2}\right).}$$

Die hier skizzierten geometrischen Überlegungen sollen keineswegs gegenüber den analytischen Ableitungen etwas grundsätzlich Neues bedeuten, sie sind vielmehr nur eine andere Sprechweise für die nämlichen Schlüsse. Der zum mindesten heuristische Wert derartiger Betrachtungen hat sich jedoch schon an verschiedenen Problemen der Flächentheorie gezeigt.

Über den größten gemeinsamen Teiler von zwei Polynomen.

Von **Oskar Perron.**

Vorgelegt in der Sitzung am 5. Mai 1928.

Einleitung.

Sind $f(x)$, $g(x)$ zwei Polynome von den Graden m, n und ist ihr größter gemeinsamer Teiler $d(x)$ vom Grad k, so hängt der Verlauf des Euklidischen Algorithmus nicht nur von m, n, k ab, sondern wesentlich auch von den Koeffizienten der Polynome $f(x)$, $g(x)$. Beispielsweise kann man leicht beliebig viele Polynompaare angeben, bei denen der Algorithmus schon nach dem ersten Schritt abbricht, und ebenso leicht andere, bei denen er länger dauert. Der Euklidische Algorithmus liefert daher kein einheitliches Bildungsgesetz für die Koeffizienten von $d(x)$. Merkwürdigerweise existiert aber trotzdem ein solches Bildungsgesetz. Für diesen Satz, auf dessen Wichtigkeit mich Herr Hasse aufmerksam gemacht hat, hat Heinrich Weber einen nicht ganz leicht zu verstehenden Beweis gegeben[1]). Ich werde nachstehend im § 1 einen einfacheren Beweis des Satzes mitteilen und dann im § 2 zeigen, daß ein analoger Satz für Polynome von mehreren Variabeln nicht gilt.

1) Lehrbuch der Algebra; kleine Ausgabe, Braunschweig 1912, S. 105.

§ 1.

Polynome von einer Variabeln.

Der Satz ist folgendermaßen zu formulieren:

Lehrsatz. Seien m, n, k positive ganze Zahlen und zwar $k \leqq m$ und $k \leqq n$. Sind dann

$$a_0, a_1, \ldots, a_m; \; b_0, b_1, \ldots, b_n$$

$m+n+2$ unabhängige Variable, so gibt es $k+1$ Polynome dieser Variabeln mit ganzzahligen Koeffizienten

$$H_\varkappa(a_0, a_1, \ldots, a_m; \; b_0, b_1, \ldots, b_n) \qquad (\varkappa = 0, 1, \ldots, k)$$

von folgender Beschaffenheit:

Sobald zwei Polynome $f(x)$, $g(x)$ von den Graden m und n

$$f(x) = a'_0 x^m + a'_1 x^{m-1} + \cdots + a'_m \qquad (a'_0 \neq 0),$$
$$g(x) = b'_0 x^n + b'_1 x^{n-1} + \cdots + b'_n \qquad (b'_0 \neq 0)$$

einen größten gemeinsamen Teiler $d(x)$ vom Grad k haben:

$$d(x) = x^k + c_1 x^{k-1} + \cdots + c_k,$$

ist $H_0(a'_0, \ldots, a'_m; \, b'_0, \ldots, b'_n) \neq 0$, und die Koeffizienten $c_\varkappa$ von $d(x)$ lassen die folgende Darstellung zu:

$$c_\varkappa = \frac{H_\varkappa(a'_0, \ldots, a'_m; \, b'_0, \ldots, b'_n)}{H_0(a'_0, \ldots, a'_m; \, b'_0, \ldots, b'_n)} \qquad (\varkappa = 1, 2, \ldots, k).$$

Beweis. Für $k = m$ ist der Satz evident, indem man einfach $H_\varkappa = a_\varkappa$ setzen kann; ebenso für $k = n$, in welchem Fall man $H_\varkappa = b_\varkappa$ setzen kann. Sei daher $k < m$ und $k < n$. Dann kann man jedenfalls drei Polynome von x

$$\xi_0 x^{n-k-1} + \xi_1 x^{n-k-2} + \cdots + \xi_{n-k-1},$$
$$\eta_0 x^{m-k-1} + \eta_1 x^{m-k-2} + \cdots + \eta_{m-k-1},$$
$$\zeta_0 x^k + \zeta_1 x^{k-1} + \ldots + \zeta_k,$$

die nicht alle drei identisch verschwinden, so bestimmen, daß die folgende Identität besteht:

$$(1) \quad \begin{cases} (a_0 x^m + a_1 x^{m-1} + \cdots + a_m)(\xi_0 x^{n-k-1} + \xi_1 x^{n-k-2} + \cdots + \xi^{n-k-1}) \\ + (b_0 x^n + b_1 x^{n-1} + \cdots + b_n)(\eta_0 x^{m-k-1} + \eta_1 x^{m-k-2} + \cdots + \eta_{m-k-1}) \\ + \zeta_0 x^k + \zeta_1 x^{k-1} + \cdots + \zeta_k = 0. \end{cases}$$

Denn das ergibt für die $m+n-k+1$ unbekannten Koeffizienten ξ_ν, η_μ, $\zeta_\varkappa$ nur $m+n-k$ lineare homogene Bedingungsgleichungen:

$$(2)\quad \begin{cases} a_0\xi_0 + b_0\eta_0 = 0, \\ a_1\xi_0 + a_0\xi_1 + b_1\eta_0 + b_0\eta_1 = 0, \\ \cdot\;\cdot\;\cdot\;\cdot\;\cdot\;\cdot\;\cdot\;\cdot\;\cdot\;\cdot \\ a_m\xi_{n-k-1} + b_n\eta_{m-k-1} + \zeta_k = 0, \end{cases}$$

die also gewiß eine nichttriviale Lösung haben. Wir werden sehen, daß die $(m+n-k)$-reihigen Determinanten der Matrix des Systems (2) nicht alle verschwinden, so daß es **nur eine** nichttriviale Lösung gibt und wir diese in der Form

$$(3)\quad \begin{cases} \xi_\nu = F_\nu(a_0, a_1, \ldots, a_m;\ b_0, b_1, \ldots, b_n), \\ \eta_\mu = G_\mu(a_0, a_1, \ldots, a_m;\ b_0, b_1, \ldots, b_n), \\ \zeta_\varkappa = H_\varkappa(a_0, a_1, \ldots, a_m;\ b_0, b_1, \ldots, b_n) \end{cases}$$

schreiben können, wo die F_ν, G_μ, $H_\varkappa$ solche Determinanten (vom Vorzeichen abgesehen) sind, also Polynome mit ganzzahligen Koeffizienten.

Zum Beweis spezialisieren wir die Variabeln a_μ, b_ν zu a'_μ, b'_ν und machen den zu (1) analogen Ansatz

$$(1')\quad \begin{cases} (a'_0x^m + a'_1x^{m-1} + \cdots + a'_m)(\xi'_0x^{n-k-1} + \xi'_1x^{n-k-2} + \cdots + \xi'_{n-k-1}) \\ + (b'_0x^n + b'_1x^{n-1} + \cdots + b'_n)(\eta'_0x^{m-k-1} + \eta'_1x^{m-k-2} + \cdots + \eta'_{m-k-1}) \\ + \zeta'_0x_k + \zeta'_1x^{k-1} + \cdots + \zeta'_k = 0, \end{cases}$$

wobei dann analog zu (2) auch

$$(2')\quad \begin{cases} a'_0\xi'_0 + b'_0\eta'_0 = 0, \\ a'_1\xi'_0 + a'_0\xi'_1 + b'_1\eta'_0 + b'_0\eta'_1 = 0, \\ \cdot\;\cdot\;\cdot\;\cdot\;\cdot\;\cdot\;\cdot\;\cdot\;\cdot\;\cdot \\ a'_m\xi'_{n-k-1} + b'_n\eta'_{m-k-1} + \zeta_k = 0 \end{cases}$$

ist. Dabei sollen die ξ'_ν, η'_μ, $\zeta'_\varkappa$ eine **beliebige** nichttriviale Lösung dieses Gleichungssystems bedeuten. Da nun die beiden Polynome

$$a'_0x^m + a'_1x^{m-1} + \cdots + a'_m,$$
$$b'_0x^n + b'_1x^{n-1} + \cdots + b'_n$$

den größten gemeinsamen Teiler

$$d(x) = x^k + c_1x^{k-1} + \cdots + c_k$$

haben sollen, so folgt aus (1′), daß auch $\zeta'_0x^k + \zeta'_1x^{k-1} + \cdots + \zeta'_k$ durch $d(x)$ teilbar ist. Folglich ist

$$\zeta'_\varkappa = c_\varkappa \zeta'_0 \qquad (\varkappa = 1, 2, \ldots, k), \tag{4}$$

und indem man (1′) durch $d(x)$ dividiert, entsteht eine Identität der Form

$$\begin{aligned} & f_1(x) \cdot (\xi'_0 x^{n-k-1} + \cdot \cdot + \xi'_{n-k-1}) \\ & + g_1(x) \cdot (\eta'_0 x^{m-k-1} + \cdots + \eta'_{m-k-1}) + \zeta'_0 = 0, \end{aligned} \tag{5}$$

wobei $f_1(x)$, $g_1(x)$ zwei relativ prime Polynome von den Graden $m-k$ und $n-k$ sind. Daraus erkennt man, daß $\zeta'_0 \neq 0$ ist; denn andernfalls würden nach (4) alle $\zeta'_\varkappa$ und nach (5), weil $f_1(x)$ und $g_1(x)$ relativ prim sind, auch alle ξ'_ν, η'_μ verschwinden, während doch die ξ'_ν, η'_μ, $\zeta'_\varkappa$ eine nichttriviale Lösung des Systems (2′) sein sollten. Da somit für jede nichttriviale Lösung von (2′) stets $\zeta'_0 \neq 0$ ist, so hat dieses System überhaupt nur eine nichttriviale Lösung. Folglich ist sein Rang gleich $m+n-k$, und speziell die der Unbekannten ζ'_0 zugeordnete $(m+n-k)$-reihige Determinante $H_0(a'_0, \ldots, a'_m; b'_0, \ldots, b'_n)$ ist von Null verschieden. Erst recht muß sie also vor der Spezialisierung der Variabeln a_μ, b_ν von Null verschieden gewesen sein, womit die obige Behauptung bewiesen ist. Nach der Spezialisierung ist aber

$$\frac{\zeta'_\varkappa}{\zeta'_0} = \frac{H_\varkappa(a'_0, \ldots, a'_m; b'_0, \ldots, b'_n)}{H_0(a'_0, \ldots, a'_m; b'_0, \ldots, b'_n)} \qquad (\varkappa = 1, 2, \ldots, k),$$

und mit Rücksicht auf (4) ist damit der Lehrsatz bewiesen.

Indem man für die $H_\varkappa$ die aus dem Gleichungssystem (2′) sich ergebenden $(m+n-k)$-reihigen Determinanten hinschreibt, erhält man für das Polynom

$$\zeta'_0 x^k + \zeta'_1 x^{k-1} + \cdots + \zeta'_k$$

die folgende Darstellung als $(m+n-k+1)$-reihige Determinante:

$$\begin{vmatrix}
a'_0 & & \vdots\vdots & & b'_0 & & \vdots\vdots & & & & & \\
a'_1 & a'_0 & \vdots\vdots & & b'_1 & b'_0 & \vdots\vdots & & & & & \\
\vdots & \vdots & \vdots\vdots & a'_0 & \vdots & \vdots & \vdots\vdots & b'_0 & & & & \\
a'_m & \vdots & \vdots\vdots & & b'_n & & \vdots\vdots & & & & & \\
 & a'_m & \vdots\vdots & \vdots & \vdots & b'_n & \vdots\vdots & \vdots & & & & \\
 & & \vdots\vdots & a'_{m-k} & & & \vdots\vdots & b'_{n-k} & 1 & 0 & \cdots & 0 \\
 & & \vdots\vdots & \vdots & & & \vdots\vdots & \vdots & 0 & 1 & \cdots & 0 \\
 & & \vdots\vdots & \vdots & & & \vdots\vdots & \vdots & \vdots & \vdots & \cdots & \vdots \\
 & & & a'_m & & & \vdots\vdots & b'_n & 0 & 0 & \cdots & 1 \\
 & & \vdots\vdots & 0 & & & \vdots\vdots & 0 & x^k & x^{k-1} & \cdots & 1
\end{vmatrix}, \tag{6}$$

wobei $n-k$ Spalten mit a'_μ, dann $m-k$ Spalten mit b'_ν und dann noch $k+1$ weitere Spalten folgen. Die leeren Felder sind mit Nullen zu besetzen.

Diese Determinante gibt also, wenn man sie noch durch den Koeffizienten von x^k dividiert, den größten gemeinsamen Teiler $d(x)$, sobald dieser vom Grad k ist.

§ 2.

Polynome von zwei Variabeln.

Es soll jetzt gezeigt werden, daß bei Polynomen von mehreren Variabeln schon in den einfachsten Fällen ein Analogon zu dem Satz des vorigen Paragraphen nicht existiert. Zu dem Zweck nehmen wir zwölf unabhängige Variabeln

$$a_1, a_2, a_3, a_4, a_5, a_6,$$
$$b_1, b_2, b_3, b_4, b_5, b_6,$$

und nehmen an, es gäbe drei Polynome dieser Variabeln

$$(7) \quad F\begin{pmatrix} a_1, \ldots, a_6 \\ b_1, \ldots, b_6 \end{pmatrix}, \quad G\begin{pmatrix} a_1, \ldots, a_6 \\ b_1, \ldots, b_6 \end{pmatrix}, \quad H\begin{pmatrix} a_1, \ldots, a_6 \\ b_1, \ldots, b_6 \end{pmatrix}$$

von folgender Beschaffenheit: Allemal wenn die beiden Polynome zweiten Grades von x und y

$$(8) \quad \begin{cases} f(x, y) = a'_1 x^2 + a'_2 x y + a'_3 y^2 + a'_4 x + a'_5 y + a'_6, \\ g(x, y) = b'_1 x^2 + b'_2 x y + b'_3 y^2 + b'_4 x + b'_5 y + b'_6 \end{cases}$$

einen größten gemeinsamen Teiler vom ersten Grad haben, ist dieser bis auf einen von x, y freien Faktor gleich

$$F\begin{pmatrix} a'_1, \ldots, a'_6 \\ b'_1, \ldots, b'_6 \end{pmatrix} \cdot x + G\begin{pmatrix} a'_1, \ldots, a'_6 \\ b'_1, \ldots, b'_6 \end{pmatrix} \cdot y + H\begin{pmatrix} a'_1, \ldots, a'_6 \\ b'_1, \ldots, b'_6 \end{pmatrix}.$$

Wir werden sehen, daß diese Annahme auf einen Widerspruch führt, daß es also derartige Polynome F, G, H nicht gibt. Selbst wenn wir für $f(x, y)$ und $g(x, y)$ nur reguläre Polynome zulassen, d. h. solche, bei denen

$$a'_1 \neq 0, \; a'_3 \neq 0, \; b'_1 \neq 0, \; b'_3 \neq 0$$

ist, wird sich unsere Annahme als widerspruchsvoll erweisen.

Zum Beweis wählen wir $f(x, y)$ und $g(x, y)$ in folgender Weise

$$(9)\quad \begin{cases} f(x, y) = (ax + by + c)(px + qy + r) \\ \qquad = apx^2 + (aq + bp)xy + \cdots + cr, \\ g(x, y) = (ax + by + c)(p_1 x + q_1 y + r_1) \\ \qquad = ap_1 x^2 + (aq_1 + bp_1)xy + \cdots + cr_1, \end{cases}$$

wobei die neun Größen

$$(10)\qquad a, b, c, p, q, r, p_1, q_1, r_1$$

zunächst unabhängige Variable seien. Wir setzen dann

$$(11)\quad H\begin{pmatrix} ap, & aq+bp, & bq, & ar+cp, & br+cq, & cr \\ ap_1, & aq_1+bp_1, & bq_1, & ar_1+cp_1, & br_1+cq_1, & cr_1 \end{pmatrix} = H^*\begin{pmatrix} a, & b, & c \\ p, & q, & r \\ p_1, & q_1, & r_1 \end{pmatrix}$$

und eine entsprechende Bedeutung mögen

$$F^*\begin{pmatrix} a, & b, & c \\ p, & q, & r \\ p_1, & q_1, & r_1 \end{pmatrix}, \qquad G^*\begin{pmatrix} a, & b, & c \\ p, & q, & r \\ p_1, & q_1, & r_1 \end{pmatrix}$$

haben. Die F^*, G^*, H^* sind Polynome der neun Variabeln (10), und da die Polynome $f(x, y)$, $g(x, y)$ einen mit $ax + by + c$ äquivalenten größten gemeinsamen Teiler haben, muß nach unserer Annahme

$$(12)\quad \begin{aligned} F^*\begin{pmatrix} a, & b, & c \\ p, & q, & r \\ p_1, & q_1, & r_1 \end{pmatrix}\cdot x + G^*\begin{pmatrix} a, & b, & c \\ p, & q, & r \\ p_1, & q_1, & r_1 \end{pmatrix}\cdot y + H^*\begin{pmatrix} a, & b, & c \\ p, & q, & r \\ p_1, & q_1, & r_1 \end{pmatrix} \\ = (ax + by + c)\cdot L\begin{pmatrix} a, & b, & c \\ p, & q, & r \\ p_1, & q_1, & r_1 \end{pmatrix} \end{aligned}$$

sein, wobei L eine nicht identisch verschwindende rationale Funktion der neun Variabeln ist, die sich wegen (12) in der dreifachen Gestalt

$$(13)\qquad L = \frac{F^*}{a} = \frac{G^*}{b} = \frac{H^*}{c}$$

darstellen läßt, woraus man sie als Polynom erkennt[1]).

---

[1]) Nach Satz 31 meines Buches „Algebra“, Band 1. Berlin 1927.

Wenn man jetzt die Größen (10) alle mit Ausnahme von a als unabhängige Variable beläßt, dagegen a zu einer von Null verschiedenen Wurzel des Polynoms L spezialisiert, falls es eine solche gibt, so sind die Polynome $f(x, y)$ und $g(x, y)$ noch immer regulär und ihr größter gemeinsamer Teiler ist mit $ax + by + c$ äquivalent; nach unserer Annahme ist er also auch mit dem Ausdruck (12) äquivalent, was aber andererseits doch nicht zutreffen kann, weil bei unserer Spezialisierung $L = 0$ ist. Somit kann L als Polynom von a keine von Null verschiedene Wurzel haben und hat daher die Form

$$L\begin{pmatrix} a, & b, & c \\ p, & q, & r \\ p_1, & q_1, & r_1 \end{pmatrix} = a^{\varkappa} L_1,$$

wo das Polynom L_1 die Variable a nicht mehr enthält. Genau so erkennt man, daß L auch als Polynom von einer der Variabeln b, p, q, p_1, q_1 keine von Null verschiedene Wurzel hat und als Polynom von einer der Variabeln c, r, r_1 überhaupt keine Wurzel haben kann. Somit hat L die Form

$$L\begin{pmatrix} a, & b, & c \\ p, & q, & r \\ p_1, & q_1, & r_1 \end{pmatrix} = C a^{\varkappa} b^{\lambda} p^{\mu} q^{\nu} p_1^{\mu_1} q_1^{\nu_1}, \tag{14}$$

wo C eine von Null verschiedene Konstante ist.

Aus (14) folgt speziell

$$L\begin{pmatrix} a, & b, & c \\ p, & q, & r \\ p, & q, & r \end{pmatrix} = C a^{\varkappa} b^{\lambda} p^{\mu+\mu_1} q^{\nu+\nu_1}. \tag{15}$$

Nach (13) und (11) ist aber

$$c \cdot L\begin{pmatrix} a, & b, & c \\ p, & q, & r \\ p, & q, & r \end{pmatrix} = H^*\begin{pmatrix} a, & b, & c \\ p, & q, & r \\ p, & q, & r \end{pmatrix}$$

$$= H\begin{pmatrix} ap, & aq + bp, & bq, & ar + cp, & br + cq, & cr \\ ap, & aq + bp, & bq, & ar + cp, & br + cq, & cr \end{pmatrix}.$$

Hier bleibt die rechte Seite unverändert, wenn man a, b, c mit p, q, r vertauscht, also muß auch die linke Seite unverändert bleiben und es ergibt sich die Funktionalgleichung:

$$c \cdot L\begin{pmatrix} a, & b, & c \\ p, & q, & r \\ p, & q, & r \end{pmatrix} = r \cdot L\begin{pmatrix} p, & q, & r \\ a, & b, & c \\ a, & b, & c \end{pmatrix}.$$

Das links stehende Polynom ist also durch r teilbar, was aber nach (15) nicht der Fall ist. Wegen dieses Widerspruchs ist unsere Annahme, daß es drei Polynome F, G, H der oben angegebenen Art gibt, hinfällig. W. z. b. w.

Über die Multiplizität der Lösungen der Theorie der Bahnbestimmung der Kometen.

Von **Alexander Wilkens.**

Mit 1 Textfigur.

Vorgetragen in der Sitzung am 9. Juni 1928.

Das Ziel der vorliegenden Untersuchung ist die Klärung der Frage der Multiplizität der Lösungen der Bahnbestimmungstheorie der Kometen. Wenn 3 vollständige Örter eines Kometen gegeben sind, so hat zuerst v. Oppolzer auf Grund der Bahnbestimmung des großen Septemberkometen Cruls vom Jahre 1882 (s. Astr. Nachr., Bd. 103, 1882, ferner Lehrbuch der Bahnbestimmung der Planeten und Kometen, 1. Bd., 2. Auflage, 1882, S. 308) die Möglichkeit einer 3-fachen Lösung gefunden und belegte diese Möglichkeit auch analytisch, indem er im Anschluß an die Olberssche Methode die Lösung einer Gleichung 6. Grades diskutiert, die aus einer vereinfachenden Annahme, nämlich der Proportionalität der Sehne der Kometenbahn mit der Zeit auf Grund der Eulerschen Gleichung entspringt. Neuerdings hat Herr Banachiewicz im Bulletin de l'Académie Polonaise des Sciences et des Lettres, Série A, Sciences Mathématiques, 1924, in seiner Schrift: „Sur un Théorème de Legendre relatif a la détermination des orbites cométaires" im Widerspruch zu Legendre ein fingiertes Beispiel, die Bewegung eines Kometen in der Ekliptik betreffend, gegeben, bei dem eine 3-fache reelle Lösung die Beobachtungsdaten darstellt. Bekanntlich hat Legendre in seiner Schrift: Nouvelles Méthodes pour la détermination des orbites des Comètes Paris, 1806, gezeigt, daß unter der Voraussetzung von 3 vollständigen Kometenbeobachtungen nur eine parabolische Bahn durch die 3 Örter möglich ist. Herr Jljinsky vertritt ebenfalls im Gegensatz zu Herrn Banachiewicz die Auffassung, daß, wenn das allgemeine Problem der Bahnbestimmung aus 3 vollständigen Beobachtungen ohne Voraussetzung über eine Exzentrizität 2 Lösungen zulasse, beim Spezialfall der Parabel auch nicht mehr als 2 Lösungen existieren könnten (Astr. Nachr. Nr. 5339), während Herr Banachiewicz sein für die Ekliptik gegebenes Beispiel auf den Fall außerekliptikaler Beobachtungen erweitern konnte (Astr. Nachr. Nr. 5423), mit dem Ergebnis der Existenz von 3 parabolischen Bahnen, welche alle die Beobachtungen strenge darstellen. Deshalb besteht die Aufgabe der vorliegenden Arbeit in der allgemeinen Untersuchung der Frage nach der Multiplizität der Lösungen und in der Klärung der Widersprüche in den Ergebnissen der früheren Autoren durch Ableitung der notwendigen Bedingungen für die Existenz mehrfacher Lösungen.

Für diesen Zweck ist zuerst die eine exakte Untersuchung störende und überflüssige Voraussetzung der bisherigen Methoden der Kometen-Bahnbestimmung zu beseitigen, daß 3 vollständige Örter, allgemein also sechs Stücke zur Bahnbestimmung herangezogen werden, auch bei der Olbers'schen Methode, in deren Funktion M sämtliche sechs Beobachtungsdaten auftreten, während eine parabolische Bahn im Raume strenge bereits durch fünf den fünf Bahnelementen entsprechende Stücke festgelegt wird. Deshalb ist also zuerst eine dementsprechende Theorie der Bahnbestimmung aus fünf Stücken zu entwickeln und dann die Multiplizität der Wurzeln der sich ergebenden Fundamentalgleichung zu untersuchen; dabei ist es sowohl theoretisch wie vom Standpunkte der Praxis aus von Interesse, eine solche Theorie der Kometen-Bahnbestimmung aus den fünf erforderlichen Stücken, etwa den beiden Koordinaten des ersten und dritten Ortes und der einen, etwa der Länge des zweiten Ortes, ohne jede Benutzung des sechsten Stückes kennen zu lernen. Ergibt sich dann zwischen der parabolischen Theorie und der Beobachtung nach Ermittlung der Bahnelemente bei dem sechsten Stücke, der Breite des zweiten Ortes Übereinstimmung oder nicht, so ist damit zugleich die Entscheidung über die parabolische oder elliptische Bahnform des neuen Kometen ermöglicht und die Abweichung liefert sofort das Maß für die Abweichung der Exzentrizität der Bahn von der Einheit für die Parabel. Die neue Methode erweist sich als außerordentlich einfach und übersichtlich, so daß sie die praktische Feuerprobe bestehen kann.

§ 1.

Die Bahnbestimmung aus fünf Beobachtungsdaten.

Zur Darlegung der Methode bediene ich mich vorteilhafterweise derselben Ausgangsformeln, wie sie in meiner früheren Untersuchung über „Eine Methode der Bahnbestimmung für alle Exzentrizitäten" (Astr. Nachr. Nr. 5022/23) niedergelegt worden sind und die auf einer Potenzentwicklung der heliozentrischen Koordinaten nach der Zeit beruhen.

Es seien x_α, y_α, z_α, die zur Zeit t_α geltenden heliozentrischen auf die Ekliptik als Grundebene bezogenen Koordinaten des Kometen, ferner X_α, Y_α, $Z_\alpha = 0$ die auf den locus fictus bezogenen Koordinaten der Sonne und schließlich ξ_α, η_α, ζ_α die auf den locus fictus bezogenen Koordinaten des Kometen, wobei der locus fictus bei den Kometen in Anbetracht der Unsicherheit der Meßgenauigkeit dieser Himmelskörper und mit Rücksicht auf erste Bahnbestimmungen ev. auch stets mit dem Erdmittelpunkt identifiziert und die Sonnenbreite und Aberration vernachlässigt werden darf, sodaß alsdann:

$$(1) \qquad \left.\begin{aligned} \xi_\alpha &= x_\alpha + X_\alpha = \varrho_\alpha \cos\beta_\alpha \cos\lambda_\alpha \\ \eta_\alpha &= y_\alpha + Y_\alpha = \varrho_\alpha \cos\beta_\alpha \sin\lambda_\alpha \\ \zeta_\alpha &= z_\alpha \qquad\quad\;\, = \varrho_\alpha \sin\beta_\alpha \end{aligned}\right\} \alpha = 1, 2, 3.$$

Das Ziel der Methode ist die Ableitung der Koordinaten x_2, y_2, z_2 und ihrer Geschwindigkeiten x_2', y_2' und z_2', indem aus ihnen zusammen die Bahnelemente in bekannter Weise abgeleitet werden können.

Zur sofortigen Elimination der lästigen und überflüssigen Unbekannten ϱ_α ist es notwendig, je 2 der Gleichungen (1) zu dividieren, so daß die neuen Gleichungen

$$(2) \qquad \left.\begin{aligned} \frac{x_\alpha + X_\alpha}{z_\alpha} &= \operatorname{ctg}\beta_\alpha \cos\lambda_\alpha = C_\alpha \\ \frac{y_\alpha + Y_\alpha}{z_\alpha} &= \operatorname{ctg}\beta_\alpha \sin\lambda_\alpha = S_\alpha \end{aligned}\right\} \alpha = 1, 2, 3$$

entstehen.

Von der Zeit t_2 der 2. Beobachtung des Kometen ausgehend werden die Koordinaten x_α, y_α, z_α, wo $\alpha = 1$ und 3, in Potenzreihen nach $\tau_1 = t_1 - t_2$ resp. $\tau_3 = t_3 - t_2$ entwickelt, sodaß

$$(3) \qquad x_\alpha = x_2 + \tau_\alpha x_2' + \tfrac{1}{2}\tau_\alpha^2 x_2'' + \tfrac{1}{6}\tau_\alpha^3 R_\alpha(x_2),$$

wo der Rest $R_\alpha(x_2) = x_2''' + \frac{1}{4}\tau_\alpha x_2^{IV} + \frac{1}{20}\tau_\alpha^2 x_2^{V} + \cdots$ und analoge Reihen für y_α und z_α gelten. Da nun die zweiten Ableitungen der Koordinaten und alle höheren Ableitungen derselben auf Grund der Bewegungsgleichungen

$$(4) \quad x_\alpha'' = -k^2(1+m)\frac{x_\alpha}{r_\alpha^3} \text{ etc., wo } k^2 = \text{Gauß' Konstante,}$$

$$m = \text{Kometenmasse, und die Sonnenmasse} = 1,$$

allein als Funktionen von x_α, y_α, und z_α und ihrer Geschwindigkeiten x_α', y_α', und z_α' darstellbar sind, so sind die Reihenentwicklungen (3) als Funktionen allein der Koordinaten und ihrer ersten Ableitungen darstellbar, wie ich es auf S. 84 meiner oben zitierten Arbeit ausgeführt habe. Deshalb gehen die Gleichungen (2) bei Substitution der Potenzreihen (3) in 6 Gleichungen für die 6 Unbekannten $x_2, y_2, z_2, x_2', y_2', z_2'$ über mit noch von $r_2 = \sqrt{x_2^2 + y_2^2 + z_2^2}$ abhängigen Koeffizienten. Das ist die Formulierung des allgemeinen Problems unter Verwendung von 6 vorgelegten Beobachtungsdaten, während bei der parabolischen Kometenbahn noch die Spezialbedingung

$$(5) \qquad x_2'^2 + y_2'^2 + z_2'^2 = \frac{2k^2(1+m)}{r_2}$$

hinzukommt, sodaß wegen der 7 Gleichungen (2) und (5) für die genannten 6 Unbekannten eine der 6 Gleichungen (2), also eine der Beobachtungsdaten C_α und S_α überflüssig und wegzulassen ist, so daß nur 5 Beobachtungsdaten, den 5 parabolischen Bahnelementen entsprechend, heranzuziehen bleiben. Es mögen die beiden Koordinaten des 1. und 3. Ortes, also β_1, λ_1, β_3 und λ_3 und ferner vom 2. Orte die Länge λ_2 beibehalten werden, daneben also C_1, S_1, C_3 und S_3, so daß die Gleichungen (2) für $\alpha = 1$ und 3 anzusetzen bleiben, während an Stelle der entsprechenden Gleichung für $\alpha = 2$ der von ϱ_2 und β_2 freie Quotient der beiden ersten Gleichungen (1), also

$$(1\text{a}) \qquad \frac{y_2 + Y_2}{x_2 + X_2} = \operatorname{tg}\lambda_2$$

tritt, sodaß nunmehr die folgenden 5 Gleichungen im Falle einer parabolischen Kometenbahnbestimmung zu verwenden sind:

$$\text{I)}\quad x_2\left(1-\tfrac{1}{2}\frac{k^2\tau_1^2}{r_2^3}\right)+z_2 C_1\left(-1+\tfrac{1}{2}\frac{k^2\tau_1^2}{r_2^3}\right)+x_2'\tau_1-z_2' C_1\tau_1 = -X_1-\tfrac{1}{6}\tau_1^3 R_1(x)+\tfrac{1}{6}\tau_1^3 C_1 R_1(z),$$

$$\text{II)}\quad y_2\left(1-\tfrac{1}{2}\frac{k^2\tau_1^2}{r_2^3}\right)+z_2 S_1\left(-1+\tfrac{1}{2}\frac{k^2\tau_1^2}{r_2^3}\right)+y_2'\tau_1-z_2' S_1\tau_1 = -Y_1-\tfrac{1}{6}\tau_1^3 R_1(y)+\tfrac{1}{6}\tau_1^3 S_1 R_1(z),$$

$$\text{III)}\quad y_2-x_2\operatorname{tg}\lambda_2=X_2\operatorname{tg}\lambda_2-Y_2,$$

$$\text{IV)}\quad x_2\left(1-\tfrac{1}{2}\frac{k^2\tau_3^2}{r_2^3}\right)+z_2 C_3\left(-1+\tfrac{1}{2}\frac{k^2\tau_3^2}{r_2^3}\right)+x_2'\tau_3-z_2' C_3\tau_3 = -X_3-\tfrac{1}{6}\tau_3^3 R_3(x)+\tfrac{1}{6}\tau_3^3 C_3 R_3(z),$$

$$\text{V)}\quad y_2\left(1-\tfrac{1}{2}\frac{k^2\tau_3^2}{r_2^3}\right)+z_2 S_3\left(-1+\tfrac{1}{2}\frac{k^2\tau_3^2}{r_2^3}\right)+y_2'\tau_3-z_2' S_3\tau_3 = -Y_3-\tfrac{1}{6}\tau_3^3 R_3(y)+\tfrac{1}{6}\tau_3^3 S_3 R_3(z).$$

Zu diesen Gleichungen tritt als 6. Bedingung noch die Gleichung der Parabelbewegung hinzu

$$\text{VI)}\quad x_2'^2+y_2'^2+z_2'^2=\frac{2k^2}{r_2}\ (m=0\ \text{gesetzt}),$$

und insofern r_2 als selbständige Unbekannte betrachtet wird, noch als 7. Bedingungsgleichung

$$\text{VII)}\quad r_2^2=x_2^2+y_2^2+z_2^2$$

zur Bestimmung der 7 Unbekannten: x, y, z, r, x', y', z' als Definitionsparameter der parabolischen Kometenbahn. Die Auflösung der Gleichungen erfolgt zunächst am zweckmäßigsten in der Weise, daß zuerst y_2 nach III) als Funktion von x_2 in die Gleichungen I); II), IV) und V) substituiert wird, indem die Gleichungen I)—V) zur Darstellung von y_2, z_2, x_2, y_2, z_2 als Funktion von x_2 dienen sollen. Dann folgen zuerst x_2' und y_2' nach I) und II) aus den Gleichungen:

$$\text{Ia)}\quad x_2'\tau_1=-x_2\left(1-\tfrac{1}{2}\frac{k^2\tau_1^2}{r_2^3}\right)-z_2 C_1\left(-1+\tfrac{1}{2}\frac{k^2\tau_1^2}{r_2^3}\right) + z_2' C_1\tau_1-X_1-\tfrac{1}{6}\tau_1^3 R_1(x)+\tfrac{1}{6}\tau_1^3 C_1 R_1(z).$$

$$\text{IIa)}\quad y_2'\tau_1 = -(x_2 T_2 + U_2)\left(1 - \tfrac{1}{2}\frac{k^2\tau_1^2}{r_2^3}\right) - z_2 S_1\left(-1 + \tfrac{1}{2}\frac{k^2\tau_1^2}{r_2^3}\right)$$
$$+ z_2' S_1 \tau_1 - Y_1 - \tfrac{1}{6}\tau_1^3 R_1(y) + \tfrac{1}{6}\tau_1^3 S_1 R_1(z),$$

wo gemäß III):

$$\text{6)}\qquad y_2 = x_2 T_2 + U_2$$

gesetzt ist, indem $T_2 = \operatorname{tg}\lambda_2$ und $U_2 = X_2 \operatorname{tg}\lambda_2 - Y_2$ ist. Dann werden I) und II) in IV) und V) substituiert zwecks Ermittelung von z_2 und z_2' als Funktion von x_2 und r_2, sodaß durch Division durch $\tau_3 - \tau_1$ die Gleichungen IVa) und Va) entstehen:

$$\text{IVa)}\quad z_2\left[\frac{C_1\tau_3 - C_3\tau_1}{\tau_3 - \tau_1} + \frac{k^2}{2r_2^3}\frac{(C_3\tau_3 - C_1\tau_1)}{\tau_3 - \tau_1}\tau_3\tau_1\right] + z_2'\tau_3\tau_1\frac{C_1 - C_3}{\tau_3 - \tau_1}$$
$$= x_2\left(1 + \tfrac{1}{2}\frac{k^2}{r_2^3}\tau_3\tau_1\right) + \frac{\tau_3 X_1 - \tau_1 X_3}{\tau_3 - \tau_1} + \text{Restgl.}$$

$$\text{Va)}\quad z_2\left[\frac{S_1\tau_3 - S_3\tau_1}{\tau_3 - \tau_1} + \frac{k^2}{2r_2^3}\frac{(S_3\tau_3 - S_1\tau_1)}{\tau_3 - \tau_1}\tau_3\tau_1\right] + z_2'\tau_3\tau_1\frac{S_1 - S_3}{\tau_3 - \tau_1}$$
$$= x_2 T_2\left(1 + \tfrac{1}{2}\frac{k^2}{r_2^3}\tau_3\tau_1\right) + \frac{\tau_3 Y_1 - \tau_1 Y_3}{\tau_3 - \tau_1} + U_2 + \tfrac{1}{2}U_2\frac{k^2}{r_2^3}\tau_3\tau_1 + \text{Restgl.},$$

sodaß die Auflösung lautet:

$$\text{7)}\quad \begin{cases} z_2 = \gamma x_2 + \delta \text{ und } z_2' = \varepsilon' x_2 + \zeta', \text{ wo} \\ \gamma = \dfrac{1}{D}[S_1 - S_3 - T_2(C_1 - C_3)], \\ \delta = \dfrac{1}{D}\left[\dfrac{\tau_3 X_1 - \tau_1 X_3}{\tau_3 - \tau_1}(S_1 - S_3) - \dfrac{\tau_3 Y_1 - \tau_1 Y_3}{\tau_3 - \tau_1}(C_1 - C_3) - U_2(C_1 - C_3)\right], \\ \varepsilon' = \dfrac{1}{D}\dfrac{1}{\tau_3\tau_1}[-(S_1\tau_3 - S_3\tau_1) + T_2(C_1\tau_3 - C_3\tau_1)], \\ \zeta' = \dfrac{1}{D}\dfrac{1}{\tau_3\tau_1}\left[-\dfrac{\tau_3 X_1 - \tau_1 X_3}{\tau_3 - \tau_1}(S_1\tau_3 - S_3\tau_1)\right. \\ \qquad \left. + \dfrac{\tau_3 Y_1 - \tau_1 Y_3}{\tau_3 - \tau_1}(C_1\tau_3 - C_3\tau_1) + U_2(C_1\tau_3 - C_3\tau_1)\right], \end{cases}$$

wo die Determinante D des Systems:

$$D = \frac{1}{\tau_3 - \tau_1}[(S_1 - S_3)(C_1\tau_3 - C_3\tau_1) - (C_1 - C_3)(S_1\tau_3 - S_3\tau_1)],$$

welche Gleichungen später noch analytisch zu verwenden sind.

Rein numerisch für die Zwecke einer wirklichen Bahnbestimmung erscheint es vielleicht zweckmäßiger, die Gleichungen IVa) und Va) sowie auch Ia) und IIa) numerisch aufzulösen (siehe das spätere Beispiel). Auf Grund der obigen Darstellungen erscheinen nun y_2, z_2, x_2', y_2' und z_2' als lineare Funktionen von x_2, wobei die Abhängigkeit von r_2 nur in den Korrektionsgliedern der Form $(1 - \frac{1}{2} k^2 \tau_a^2/r_2^3)$ enthalten ist, was wohl zu vermerken ist im Gegensatz zur allgemeinen Theorie der Planetenbahnen, wo (siehe meine oben zitierte Arbeit in den Astronom. Nachr. S. 86 Formel (15)) $z_2 = a\left(\frac{1}{R_2^3} - \frac{1}{r_2^3}\right)$, sodaß hier z_2 und analog alle anderen Koordinaten nebst ihren Geschwindigkeiten als lineare Funktionen von $\frac{1}{R_2^3} - \frac{1}{r_2^3}$ erscheinen. Beim Kometenproblem ist die explizite Abhängigkeit von r_2, abgesehen von dem Vorkommen von r_2 in den Korrektions- und Restgliedern implizit auf x_2 geworfen, das noch Funktion von r ist. Alsdann haben auch x_2 und y_2 nach I) und II) dieselbe Form wie y_2, nämlich:

$$8)\quad \left\{\begin{array}{ll} y_2 = a x_2 + \beta, & x_2' = a' x_2 + \beta' \\ z_2 = \gamma x_2 + \delta, & y_2' = \gamma' x_2 + \delta' \\ & z_2' = \varepsilon' x_2 + \zeta' \end{array}\right\}$$

wo die Koeffizienten a, β, γ und δ oben bereits gegeben sind, sodaß die übrigen Koeffizienten leicht analytisch angebbar sind,

sodaß bei Substitution in die Bedingungsgleichungen VI) und VII) die neuen Gleichungen entstehen:

$$9)\quad \left.\begin{array}{r} x_2^2 + (a x_2 + \beta)^2 + (\gamma x_2 + \delta)^2 = r_2^2 \\ (a' x + \beta')^2 + (\gamma' x + \delta')^2 + (\varepsilon' x_2 + \zeta')^2 = \dfrac{2k^2}{r_2} \end{array}\right\},$$

aus denen x_2 zu eliminieren ist, indem man diese Gleichungen zweckmäßig als 2 lineare Gleichungen in x_2 und x_2^2 auffaßt, sodaß:

$$9\,a)\quad \left\{\begin{array}{l} c x_2^2 + d x_2 = r_2^2 - e = R \\ c' x_2^2 + d' x_2 = \dfrac{2k^2}{r_2} - e' = R' \end{array}\right\},$$

wo R und R' nur Abkürzungen sind und wo:

$$10)\quad \begin{array}{ll} c = 1 + a^2 + \gamma^2, & c' = a'^2 + \gamma'^2 + \zeta'^2, \\ d = 2(a\beta + \gamma\delta), & d' = 2(a'\beta' + \gamma'\delta' + \varepsilon'\zeta', \\ e = \beta^2 + \delta^2, & e' = \beta'^2 + \delta'^2 + \zeta'^2. \end{array}$$

Folglich ist nach 9a):

11) $A = x^2 = \frac{Rd' - R'd}{\Delta}$ und $B = x = -\frac{Rc' + R'c}{\Delta}$,

wo $\Delta = cd' - c'd$. Mithin ergibt die Bedingung 12) $A = B^2$ die gesuchte Fundamentalgleichung des Bahnbestimmungsproblems der Kometen, indem bei Substitution von R und R' nach (9a):

13) $$\Delta\left(r_2^2 d' - \frac{2k^2}{r_2} d + g\right) = \left(-r_2^2 c' + \frac{2k^2 c}{r_2} + h\right)^2,$$

eine Gleichung in r allein ergibt, wo noch zur Abkürzung:
$g = -ed' + e'd$ und $h = ec' - ce'$, sodaß schließlich die folgende Gleichung 6. Grades in r_2 resultiert:

14a) $K_0 r_2^6 + K_2 r^4 + K_3 r^3 + K_4 r^2 + K_5 r + K_6 = 0$, wo

$K_0 = c'^2$, $K_2 = -2hc' - \Delta d'$, $K_3 = -4k^2cc'$, $K_4 = h^2 - \Delta g$,
$K_5 = 4k^2ch + 2k^2\Delta d$, $K_6 = 4k^4c^2$.

Diese Gleichungen werden zweckmäßigerweise bei $r < 1$ verwendet, während bei $r > 1$ die nach Division durch r^6 entstehende Gleichung:

14b) $$K_6\left(\frac{1}{r_2}\right)^6 + K_5\left(\frac{1}{r_2}\right)^5 + K_4\left(\frac{1}{r_2}\right)^4 + K_3\left(\frac{1}{r_2}\right)^3 + K_2\left(\frac{1}{r_2}\right)^2 + K_0 = 0$$

zu verwenden ist.

Was die Zahl der positiven Wurzeln r_2 der Gleichung (14a) anbetrifft, so ist zunächst festzustellen, daß, weil c und c' nach der Definition 10) positive Größen sind, die Koeffizienten: $K_0 > 0$, $K_3 < 0$ und $K_6 > 0$ sind, während bei K_2, K_4 und K_5 keine unmittelbare Fixierung des Vorzeichens möglich ist; dann aber ergeben sich zur Anwendung des Satzes von Descartes die in der folgenden Tabelle fixierten 8 Möglichkeiten der Vorzeichenfolge.

	K_0	K_2	K_3	K_4	K_5	K_6	Z
1)	+	+	−	+	+	+	2
2)	+	+	−	+	−	+	4
3)	+	+	−	−	+	+	2
4)	+	+	−	−	−	+	2
5)	+	−	−	+	+	+	2
6)	+	−	−	+	−	+	4
7)	+	−	−	−	+	+	2
8)	+	−	−	−	−	+	2

Aus der Zahl der Vorzeichenwechsel folgt die in der letzten Kolonne der Tabelle angegebene Zahl Z der positiven reellen Lösungen für r_2; demnach ergeben sich also stets nur 2 positive Wurzeln r_2, außer in den Fällen 2) und 6), wo 4 positive Wurzeln möglich erscheinen, wenn nämlich in diesen beiden

Fällen unabhängig von K_2 der Koeffizient $K_4 > 0$ und zugleich $K_5 < 0$. Daß aber die Kombination $K_4 > 0$ und zugleich $K_5 < 0$ tatsächlich bei vorgelegten Beobachtungsdaten nur in Spezialfällen eintreten kann, ist aus der folgenden geometrischen Betrachtung zu ersehen. Aus der Gleichung 9a) folgt nämlich, daß, wenn $r^2 = w$ gesetzt wird

9b) $$w_1 = c x_2^2 + d x_2 + e, \qquad w_2 = \frac{4 k^4}{(c' x_2^2 + d' x_2 + e')^2},$$

wo die Gleichsetzung die Gleichung 6. Grades in x_2 liefert. Werden jetzt aber die Kurven w_1 und w_2 als Funktionen von x_2 mit x_2 als Abscisse und den w als Ordinaten konstruiert (s. Figur 1), so stellt w_1 eine gewöhnliche Parabel 2. Ordnung dar, deren Achse parallel zur w-Achse ist, deren konvexe Seite nach unten zeigt und die im übrigen ganz in der oberen Halbebene gelegen ist, weil $w_1 = r_2^2 > 0$ und auch nach Definition 9) eine stets positive Größe für alle Werte der Koeffizienten ist; ebenso ist $\frac{2k^2}{r} = \frac{1}{\sqrt{w_2}} = c' x^2 + d' x + e'$ ebenfalls nach der Definition 9) eine stets positive Größe, nämlich das Quadrat der parabolischen Geschwindigkeit, so daß $\frac{1}{\sqrt{w_2}}$ eine nur in der oberen Halbebene gelegene Parabel, deren Achse der w-Achse parallel ist, sodaß das Quadrat, also $\frac{1}{w_2}$, ebenfalls eine nur in der oberen Halbebene gelegene parabelähnliche Kurve und schließlich der reziproke Wert w_2 ebenfalls eine nur in der oberen Halbebene gelegene Kurve darstellt, die sich bei $x_2 = \pm \infty$, wo $w_2 = 0$ wird, der x-Achse asymptotisch anschmiegt und dann für endliche Werte von x_2 von der negativen wie positiven Seite her monoton bis zu einem Höchstpunkte ansteigt, für den $\frac{d}{dx}(w_2^{-1/2}) = 2c'x + d' = 0$ ist, also bei $x_2 = -\frac{d'}{2c'}$; da gemäß der Definition 10) $c' > 0$ und deshalb $\frac{d^2}{dx^2}(w_2^{-1/2}) = 2c' > 0$, so kehrt die Parabel $w_2^{-1/2}$ stets ihre konvexe Seite nach unten, während das reziproke Quadrat, die Kurve w_2, die der Gaußschen Fehlerkurve ähnelt, in der

Umgebung des Höchstpunktes ihre konkave, an den der x-Achse sich nähernden Seitenästen aber die konvexe Seite nach unten kehrt. Folglich haben die Parabel w_1 und die Kurve w_2 im allgemeinen nur 2 Schnittpunkte I und II, wie auf der Figur 1 ersichtlich ist, sodaß im allgemeinen nur 2 Lösungen, 2 Parabeln entsprechend, vorhanden sind; die aus der Gleichung 6. Grades als möglich erkannte vierfache Multiplizität der Lösungen r_2 ist also allgemein nicht vorhanden, sodaß die in der Tabelle aufgeführten Fälle 2) und 6), d. h. $K_4 > 0$ und zugleich $K_5 < 0$, allgemein ausscheiden, außer in dem Spezialfalle, wo die Parabel w_1 mit ihrem Scheitel so nahe an die x-Achse heranrückt, daß im Grenzfalle $w_1 = r_2^2 = c \cdot x^2$ (c positiv und im Grenzfalle gleich 1) wird, also der Scheitel der Parabel im Nullpunkt des Koordinatensystems gelegen ist, die x-Achse zur Tangente im Scheitel wird und die Parabel symmetrisch zur w-Achse gelegen ist. Dann schneidet die Scheitelgegend der Parabel w_1^0 (s. die Figur 1) den einen der x-Achse sich asymptotisch nähernden Äste der Kurve w_2 in 2 dem Nullpunkte nahen Punkten I^0 und II^0 und ferner schneidet unsere Parabel w_1^0, wie im allgemeinen Falle, den auf- oder absteigenden Zweig von w_2 in den beiden Punkten III^0 und IV^0; im allgemeinen kommen, wie wir sehen werden, nur die nullpunktsnahen Punkte I^0 und II^0 für die Kometenbahnbestimmung in Frage, weil die Kometen des Sonnensystems meist nur bei Erd- und Sonnennähe entdeckt werden. Da die Ordinate $w = r^2$, wenn die flachen asymptotischen Äste der Kurve w_2 von der Kurve w_1 geschnitten werden, klein, also auch r und deshalb auch x, y und z an diesen Stellen klein ist, so muß, wenn in $w_1 = cx^2 + dx + e$ die Größe z statt x als Abscisse und darstellender Parameter gewählt wird, unter Verwendung der linearen Beziehung 8) zwischen x und z, auch die Parabel $w_1 = r^2 = fz^2 + gz + h$ nahe an die z-Achse mit ihrem Scheitel herangehen, sodaß auch dann 4 Schnitte mit der Kurve $w_2 = (c'z + d'z + e')^{-2}$ entstehen, wobei aber bei einem Schnittpunkt $z < 0$ und bei den 3 anderen $z > 0$ ist oder umgekehrt. Von diesen Schnittpunkten resp. Wurzeln z kommen aber nur diejenigen in Frage, für die, je nach dem Vorzeichen der Breite β_2 also von z_2, entweder $z < 0$ oder $z > 0$, so daß also entweder eine oder 3 Lösungen vorhanden sind. Auf die Bedingungen für eine einfache oder eine dreifache

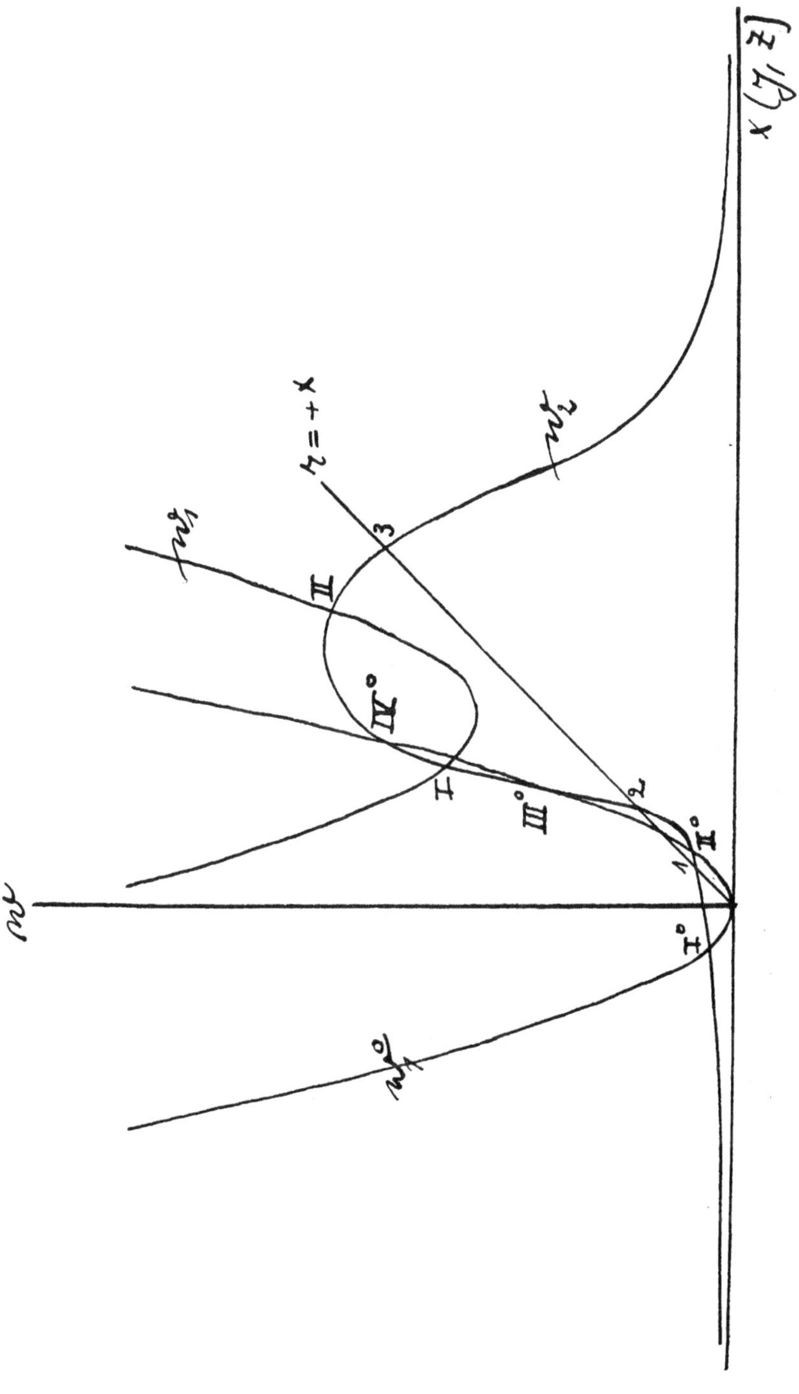

Lösung mit der für w_1 geltenden Form: $w_1 = cx^2$ resp. $w_1 = cx^2 + dx + e$, wo d und e klein gegen c, kommen wir weiter unten zurück.

Die im gewöhnlichen Falle doppelte Lösung für r_2 ist nun auf Grund der Voraussetzungen der Problemstellung nicht etwa nach dem Lambertschen Theorem auf eine einfache reduzibel, weil von dem 2. Kometenorte nur die Länge λ_2, nicht aber die Breite β_2 als vorgelegt betrachtet wird, sodaß keine Voraussetzung über die Art der Krümmung der scheinbaren Bahn am 2. Kometenorte gegeben ist. Unter der Annahme kleiner Zwischenzeiten, wie sie bei der Bahnbestimmung der Kometen fast ausnahmslos zutrifft, kann strenge nur vorausgesetzt werden, daß der 2. Ort in der Nähe des Großkreises durch den 1. und 3. Ort gelegen ist und der jeder Lösung r_2 entsprechende geozentrische 2. Kometenort muß auf dieser Richtung (λ_2, β_2) gelegen sein. Da nun aber λ_2 in den Gleichungen I—V nur in III und nur in der einzigen Form tg λ_2 vorkommt, so gelten die Lösungen auch für $\lambda_2 + 180^0$, sodaß also der entsprechende 2. Kometenort, weil er auf der Richtung λ_2, β_2 liegen muß, die Koordinaten $\lambda_2 + 180^0$ und $-\beta_2$ besitzen muß; folglich muß auch die entsprechende Koordinate $z = \varrho \sin \beta$ (ϱ = geozentrischer Abstand) ein der anderen Lösung entgegengesetztes Vorzeichen haben. Damit ist die Wahl der richtigen Wurzel r_2 ermöglicht, indem, je nachdem $\beta_2 \gtrless 0$, die Wurzel r_2 die richtige ist, die $z_2 \gtrless 0$ ergibt. Dabei können beide Lösungen $r_2 > 1$ oder beide $r_2 < 1$ sein (s. S. 129 die Lösungen des Beispiels), ohne daß hier, wie bei einer allgemeinen Bahnbestimmung aus 6 Daten, eine doppelte Lösung bestünde. Berücksichtigt man aber bei der Kometenbahnbestimmung aus 5 Daten die Kenntnis der Breite β_2 zwecks Trennung der beiden Wurzeln r_2 soweit, daß die Art der Krümmung der scheinbaren Bahn am 2. Kometenorte als bekannt anzunehmen ist, so gestattet das Lambertsche Kriterium nur dann die Wahl der richtigen Wurzel, falls eine der Wurzeln $r_2 > 1$ und die andere < 1 ist.

Sind nach unserer Methode zuerst nur die Wurzeln r_2, nicht aber z_2 bekannt, so könnte die den Beobachtungen entsprechende Wurzel sehr wohl, ohne die Berechnung von z_2 abzuwarten, ausgewählt werden, indem das nun zu formulierende analytische Kriterium herangezogen wird, es bedarf nur der Heranziehung der in unserem parabolischen Spezialfall gültigen Beziehung, daß nach 6):

$$z_2 = \gamma x_2 + \delta,$$

sodaß nur die dem Kriterium $z_2 \gtrless 0$ entsprechende Ungleichung

18) $$z_2 = \gamma x_2 + \delta \gtrless 0$$

weiter als Funktion von r_2 umgeformt zu werden braucht, um die entsprechende Bedingung für r_2 zu erhalten. Zunächst folgt also:

19) $$\left\{\begin{array}{l} x_2 \gtrless -\frac{\delta}{\gamma}, \text{ wenn } \gamma > 0 \text{ und } \beta_2 \gtrless 0 \\ x_2 \lesseqgtr -\frac{\delta}{\gamma}, \text{ wenn } \gamma < 0 \text{ und } \beta_2 \gtrless 0 \end{array}\right\}.$$

Substituiert man in diese Ungleichungen für x_2 die oben abgeleitete Funktion für r_2 gemäß Gleichung 11), wonach

$$x_2 = -\frac{Rc' + cR'}{\varDelta},$$

worin noch für R und R' nach 9a) die Funktionen von r_2 zu substituieren sind, so ergeben sich die Bedingungsgleichungen für r_2:

20) $$\left\{\begin{array}{l} -\frac{c'}{\varDelta} r_2^2 + \frac{c}{\varDelta} \cdot \frac{2k^2}{r_2} + \frac{h}{\varDelta} \gtrless -\frac{\delta}{\gamma}, \quad \gamma > 0, \quad \beta_2 \gtrless 0 \\ \quad " \qquad " \qquad " \qquad " \lesseqgtr -\frac{\delta}{\gamma}, \quad \gamma < 0, \quad \beta_2 \gtrless 0 \end{array}\right\}.$$

Statt die eben genannten Ungleichungen zu verwenden, ist es mit Rücksicht auf das Kriterium für z_2 auch zweckmäßig, sowohl r_2 wie $\frac{2k^2}{r_2}$ nicht als Funktion von x_2, wie es in Gleichung 9) geschehen ist, sondern entweder von vorne weg, oder später nach numerischer Darstellung von y_2, z_2, x_2', y_2' und z_2' als Funktion von x_2, als Funktion von z_2 als unabhängigen Parameter darzustellen, sodaß also

21) $$\left\{\begin{array}{l} w_1 = c_1 z_2^2 + d_1 z_2 + e_1 \\ w_2 = \frac{4k^4}{(c_1' z^2 + d_1' z + e_1')^2} \end{array}\right\},$$

sodaß aus den 2 Schnittpunkten der beiden Kurven w_1 und w_2, wobei stets $w_1 > 0$ und $w_2 > 0$ sind, sofort ersichtlich ist, welcher der beiden Schnittpunkte mit Rücksicht auf das den Beobachtungen entsprechende z_2 (also $\beta_2 > 0$ oder $\beta_2 < 0$) der richtige ist. Die Darstellung von x_2, y_2, x_2', y_2' und z_2 als Funktion von z_2 ergibt sich auf Grund der Gleichung 6), es dürfte aber nicht zweckmäßig sein, wegen der Länge der Ausdrücke diese Darstellung analytisch vornehmen zu wollen; für die Praxis ist es zweckmäßiger, den Übergang von x_2 auf z_2 als unabhängigen Parameter rein numerisch vorzunehmen, wie es in dem späteren numerischen Beispiel auch geschehen ist.

Für die Auflösung der Gleichung 6. Grades in r_2 ist es für die praktische Anwendung bemerkenswert, daß die linke und rechte Seite der Gleichung 13) in r_2 aus demselben Aggregat bestehen, indem diese Gleichung die Form hat:

$$22)\qquad r_2^2 + \frac{\alpha}{r_2} + \beta = \left(r_2^2 + \frac{\alpha'}{r_2} + \beta'\right)^2 \cdot \gamma .$$

Deshalb ist es zweckmäßig, eine Tabelle für $u = r^2 + \frac{c}{r}$ mit c und r als Argumenten zu tabulieren, sodaß es mittels dieser Tafel leicht möglich ist, unter Addition von β resp. β' diejenige Stelle r festzustellen, wo

$$23)\qquad u_1 = r^2 + \frac{\alpha}{r} + \beta \text{ und } u_2 = \left(r^2 + \frac{\alpha'}{r} + \beta'\right)^2 \cdot \gamma$$

einander gleich sind, was am einfachsten durch graphische Darstellung der beiden Kurven u_1 und u_2 mittelst weniger Punkte an Hand der Tafelwerte zu erreichen ist. Die Rechnung einer differenziellen Verbesserung des der graphischen Darstellung entnommenen Näherungswertes liefert schnell die strengen Werte r_2. Darauf bezügliche Tafeln werde ich an anderer Stelle publizieren. Zunächst möge jetzt als Beispiel der Bahnbestimmungsmethode die Bahn des Kometen 1896 IV Sperra berechnet werden, dessen Bahn bereits Herr Bauschinger in seinem Lehrbuch der Bahnbestimmung der Himmelskörper, 1. Aufl., S. 359, sowie ich selber in meiner oben zitierten Schrift in den Astr. Nachr. Nr. 5022/23 S. 108 untersucht haben.

Wie ich in dieser Schrift auf S. 108 gezeigt habe, liegt bei dem Kometen Sperra der interessante Fall einer Doppellösung vor, indem sich bei einer Bahnbestimmung ohne Voraussetzung einer

Exzentrizität 2 Bahnen ergeben, von denen die eine eine sehr lang gestreckte, im Beobachtungsbereich der Parabol sehr nahe kommende Ellipse mit der halben großen Achse $a = 29$ und die andere eine Hyperbel mit der Achse $a = -1.8$ darstellt, wobei, wie gezeigt, beide Bahnen die vorgelegten Beobachtungen in Strenge darstellen. Hier wollen wir uns von vornherein auf den Boden der parabolischen Arbeitshypothese stellen, wie es bei der Bestimmung der ersten Bahn eines neuentdeckten Kometen meist zu geschehen pflegt, und wollen entsprechend der oben dargelegten Theorie die beobachteten Längen und Breiten des 1. und 3. Ortes und ferner die Länge des 2. Ortes als die vorgelegten 5 Ausgangsdaten benutzen. Die Darstellung der Breite des 2. Ortes wird das Kriterium für die Richtigkeit der parabolischen Hypothese bilden. Die Beobachtungsdaten sind die folgenden (dieselben wie bei Herrn Bauschinger und in meiner Schrift in den Astr. Nachr. S. 108):

1896 m. Z. Berlin, Aequin. 1896.

$t_1 = \text{Sept. } 7.42259, \quad \lambda_1 = 171^0\,22'\,49''.4, \quad \beta_1 = +59^0\,46'\;\;6''.8,$
$L_1 = 165\;41\;26.2, \quad \log R_1 = 0.003027,$

$t_2 = \text{Sept. } 10.35812, \quad \lambda_2 = 176^0\,22'\,51''.9, \quad \beta_2 = \;\;61^0\,27'\,43''.8,$
$L_2 = 168\;32\;48.8, \quad \log R_2 = 0.002690,$

$t_3 = \text{Sept. } 13.41354, \quad \lambda_3 = 182^0\,11'\,53''.2, \quad \beta_3 = \;\;63^0\;\;3'\,56''.7,$
$L_3 = 171\;31\;26.2, \quad \log R_3 = 0.002327,$

wo die L_i die geozentrischen Sonnenlängen fixieren. Wie meist bei ersten Bahnbestimmungen der Kometen sollen die Parallaxe resp. die Reduktion auf den Locus fictus und ferner die Lichtzeitreduktion vernachlässigt werden. Die den Polarkoordinaten L_i und R_i der Sonne entsprechenden rechtwinkligen Koordinaten X_i und $Y_i (Z_i = 0)$ und die den Längen und Breiten des Kometen entsprechenden Werte von C_i und S_i seien in der folgenden Tafel zusammengestellt (überall Logarithmen):

	$i = 1$	$i = 2$	$i = 3$
X_i	9.98934_n	9.99396_n	9.99756_n
Y_i	9.39600	9.30059	9.17081
C_i	9.76055_n	9.73458_n	9.70561_n
S_i	8.94121	8.53562	8.28975_n

Dann ergeben die Gleichungen 6), I) und II): $T_2 = 8.80103_n$, $U_2 = 9.13807_n$ sodaß III) $y_2 = 8.80103_n\ x_2 + 9.13807_n$ und

$$\text{I a)}\ x_2' = 9.53231\ x_2 + 9.29286\ z_2 + 9.76055_n\ z_2' + 9.52165_n,$$

$$\text{II a)}\ y_2' = 8.33334_n\ x_2 + 8.47352_n\ z_2 + 8.94121\ z_2' + 8.57942.$$

Die Substitution von y_2, x_2' und y_2' in IV) und V) gibt dann direkt numerisch oder auf Grund der Formeln IV) und V) die beiden Gleichungen für z_2 und z_2':

$$\text{IV)}\ 0.04430\ z_2 + 9.32054_n\ z_2' = 0.30980_n\ x_2 + 0.30319,$$

$$\text{V)}\ 8.85381_n\ z_2 + 9.51375\ z_2' = 9.11083\ x_2 + 9.10301_n,$$

sodaß

$$z_2 = 0.26586_n\ x_2 + 0.25930,$$

$$z_2' = 7.91039_n\ x_2 + 7.96095,$$

sodaß bei Substitution in I a) und II a):

$$x_2' = 8.22194_n\ x_2 + 8.27703 \quad \text{und} \quad y_2' = 8.51349\ x_2 + 8.18431_n.$$

Folglich wird a):

$$r_2^2 = x_2^2 + y_2^2 + z_2^2 = 0.64403\ x_2^2 + 0.82506_n\ x_2 + 0.52108.$$

Analog wird bei Substitution der Geschwindigkeitskomponenten in die Parabelbedingung b):

$$\frac{2k^2}{r_2} = x'^2 + y'^2 + z'^2 : \frac{1}{r_2} = 0.37647\ x_2^2 + 0.47750_n\ x_2 + 0.05735.$$

Die Auflösung von a) und b) nach x und x^2 gibt:

$$\text{c)}\quad \left\{ \begin{aligned} x^2 &= A = 0.05006_n\ r_2^2 + 0.39762\ \frac{1}{r_2} + 9.94166 \\ x &= B = 9.94903_n\ r_2^2 + 0.21659\ \frac{1}{r_2} + 0.03056. \end{aligned} \right.$$

Folglich wird auf Grund der Beziehung: $A = B^2$ die folgende Gleichung 6. Grades in r_2 erhalten:

$$\begin{aligned} f(r) = r^6 &+ 9.99737_n\ r^4 + 0.56859_n\ r^3 + 9.54412\ r^2 \\ &+ 0.11693\ r + 0.53512 = (-\infty), \end{aligned}$$

woraus ersichtlich ist, daß infolge der vorhandenen beiden Zeichenwechsel nur 2 positive reelle Wurzeln existieren können. Die graphische Aufzeichnung von $f(r)$ oder auch der beiden Kurven w_1

und w_2 nach der Formel 9) liefert die beiden Wurzeln: 1) $r_2^0 = 1.5$, 2) $r_2^0 = 1.2$ als erste Näherungen, sodaß bei differentieller Verbesserung, wenn $r_2 = r_2^0 + \Delta r$ gesetzt wird und dann bei nur linearer Verbesserung $\Delta r = -\frac{f(r^0)}{f'(r^0)}$ berechnet wird, wo $f'(r^0) = \left(\frac{df}{dr}\right)_{r^0}$, bereits in 2. Näherung die definitiven Endwerte erhalten werden: 1) $W_1 = r_2 = 0.17486$ und 2) $W_2 = r_2 = 0.08100$ (Logarithmen), sodaß also beide Werte $r_2 > 1$ sind.

Aus den Gleichungen c) folgen dann in Kontrolle zunächst x_2, dann, nach III): y_2 und schließlich nach IV) und V) in der obigen numerischen Form z_2 und z_2', weiter dann x_2' und y_2' nach den numerischen Gleichungen Ia) und IIa), sodaß den beiden Wurzeln r_2 alsdann die in der folgenden Tabelle zusammengestellten Zahlenwerte entsprechen:

	W_1	W_2
r_2	0.17486	0.08100
x_2	9.26537	0.05995
y_2	9.17342_n	9.32229_n
z_2	0.16937	9.47806_n
x_2'	8.20013	—
y_2'	7.96740_n	—
z_2'	7.88317	—

Da $z_2 = \varrho_2 \sin\beta_2 > 0$ sein muß, weil im vorliegenden Falle $\beta_2 > 0$, so ist, da von den beiden Werten z_2 der erste > 0, der andere < 0 ist, nur W_1 den Beobachtungen entsprechend, weshalb x_2', y_2' und z_2' für W_2 gar nicht berechnet zu werden brauchten; die entsprechende Ungleichung (20) ist für W_1 erfüllt.

Die obige erste Rechnung ist nun aber deshalb noch nicht die definitive, weil die Restglieder in den Gleichungen und ferner die Korrektionsfaktoren $1 - \frac{1}{2}\frac{k^2\tau_\alpha^2}{r_2^3}$ vor der Berechnung von r_2 noch nicht berücksichtigt werden konnten. Die Berechnung von $R_\alpha(x)$, $R_\alpha(y)$ und $R_\alpha(z)$ nach Ermittelung von x_2, y_2, z_2, x_2', y_2' und z_2' als Funktion dieser 6 Größen zeigt, daß die Restglieder innerhalb der 5stelligen Rechnung ohne jeden Einfluß auf die Rechnung sind, wie wohl immer, wenn die Zwischenzeiten nur wenige Tage betragen; dagegen ergeben die Korrektionsfaktoren $1 - \frac{1}{2}\frac{k^2\tau_1^2}{r_2^3} = 9.99983$ und $1 - \frac{1}{2}\frac{k^2\tau_3^2}{r_2^3} = 9.99982$, d. h. die entsprechenden mit diesen Faktoren versehenen Glieder sind um — 17 resp. — 18 Einheiten der 5. Dezimale zu verbessern. Alsdann ergeben sich, indem y_2 unverändert bleibt, die neuen Ausdrücke:

$$\begin{cases} x_2' = 9.53214 \quad x_2 + 9.29269 \quad z_2 + 9.76055_n \; z_2' + 9.52165_n \\ y_2' = 8.33317_n \; x_2 + 8.47335_n \; z_2 + 8.04121 \quad z_2' + 8.57068, \end{cases}$$

sodaß die Gleichungen für z_2 und z_2' werden:

$$\begin{cases} 0.04413 \quad z_2 + 9.32054_n \; z_2' = 0.30963_n \; x_2 + 0.30319 \\ 8.85364_n \; z_2 + 9.51375 \quad z_2' = 9.11066 \quad x_2 + 9.10340_n. \end{cases}$$

Folglich ergeben sich sukzessive:

$$z_2 = 0.26586_n \; x_2 + 0.25945 \quad z_2' = 7.91022_n \; x_2 + 7.94328$$
$$x_2' = 8.22177_n \; x_2 + 8.28149 \quad y_2' = 8.51332 \quad x_2 + 8.18462_n,$$

sodaß jetzt

$$\begin{cases} r_2^2 = x_2^2 + y_2^2 + z_2^2 = 0.64403 \quad x^2 + 0.82521_n \; x + 0.52138 \\ \dfrac{1}{r} = 0.37613 \quad x^2 + 0.47763_n \; x + 0.05814 \quad \text{sodaß weiter:} \end{cases}$$

$$\begin{cases} A = x^2 = 0.05194_n \; r^2 + 0.39952 \quad \dfrac{1}{r} + 9.94216 \\ B = x \; = 9.95044_n \; r^2 + 0.21834 \quad \dfrac{1}{r} + 0.03082, \end{cases}$$

also schließlich mittels $A = B^2$ die Gleichung in r:

$$r^6 + 9.99592_n \; r^4 + 0.56893_n \; r^3 + 9.54189 \; r^2 + 0.11638 \, r + 0.53580 = (-\infty)$$

mit der allein in Betracht kommenden definitiven Lösung $W_1 = r_2 = 0.17469$, die sich hier durch differenzielle Verbesserung des Wertes der ersten Lösung unmittelbar ergibt. Alsdann ergeben sich sukzessive und definitiv:

$$x_2 = 9.26677, \quad y_2 = 9.17353_n, \quad z_2 = 0.16923,$$
$$z_2' = 7.86169, \quad x_2' = 8.20521, \quad y_2' = 7.96711_n.$$

Mit diesen für den Zeitpunkt t_2 gültigen Werten der Koordinaten und ihrer Geschwindigkeiten soll unmittelbar der Vergleich mit den Beobachtungsdaten vorgenommen werden, indem die Koordinaten x_i mittels der Reihenentwicklung $x_i = x_2 + \tau_i x_2' + \frac{1}{2} \tau_i^2 x_2'' + \cdots$, für $i = 1$ und 3 und analog für y_i und z_i berechnet werden, um dann

$$\left. \begin{aligned} \xi_i &= x_i + X_i = \varrho_i \cos \beta_i \cos \lambda_i \\ \eta_i &= y_i + Y_i = \varrho_i \cos \beta_i \sin \lambda_i \\ \zeta_i &= z_i = \varrho_i \sin \beta_i \end{aligned} \right\} i = 1, 2, 3$$

und aus ihnen die β_i und λ_i, $i = 1$, 2 und 3 zu berechnen und mit der Beobachtung zu vergleichen. Man findet mittels 4) hier und den Ausdrücken 7) und 8) S. 84 meiner Schrift in den Astr. Nachr. für x_2'' etc.:

$$\left.\begin{array}{ll} x_2'' = 5.21386_n, & x_2''' = 4.02585_n \\ y_2'' = 5.12062, & y_2''' = 3.73619 \\ z_2'' = 6.11632_n, & z_2''' = 4.31271 \end{array}\right\};$$

noch höhere Ableitungen erweisen sich als unnötig. Die Differenzen zwischen Beobachtung und Rechnung sind dann schließlich in der folgenden Tabelle zusammengestellt:

	1. Ort	2. Ort	3. Ort
$\lambda_B - \lambda_R$	+ 0!030	— 0!018	+ 0!010
$\beta_B - \beta_R$	+ 0!030	— 0.042	— 0!030

Die Übereinstimmung läßt also nichts zu wünschen übrig, auch an der kritischen Stelle, bei der in der ganzen Bahnbestimmung nicht benutzten Breite des 2. Ortes, sodaß also die gefundene Parabel den Beobachtungen gänzlich genügt, indem in β_2 keinerlei Abweichung vorhanden ist, die auf einen elliptischen Charakter hinwiese.

Trotzdem darf man aber nicht vergessen, daß eine Kometenbahnbestimmung bei kleinen Zwischenzeiten, wie hier und meistens, stets einer mehr oder weniger großen Unsicherheit unterliegt, welche Methode man auch immer anwenden möge. Deshalb sind im vorliegenden Falle die Koordinaten und Geschwindigkeiten, besonders x_2, x_2' und z_2', weil sie als kleine Differenzen großer Zahlen erscheinen, unsicher, so daß die entscheidende Beziehung zwischen ihnen, die Parabelbedingung in der Form:

$$\frac{2k^2}{\sqrt{x_2^2 + y_2^2 + z_2^2}} = x_2'^2 + y_2'^2 + z_2'^2$$

linker Hand 6.59750, rechts 6.59783, also eine Differenz von 33 Einheiten der 5. Dezimale ergibt. Trotzdem ist die Genauigkeit der Darstellung der Beobachtungen, wie die obige Tabelle zeigt, von dieser Ungenauigkeit nicht betroffen worden, da die Zwischenzeiten klein sind.

Ferner sei bemerkt, daß die obige Bahnbestimmungsmethode auf Grund des gesamten Algorithmus besonders für die Anwendung einer Rechenmaschine geeignet ist. Schließlich ergeben sich die Bahnelemente des Kometen Sperra aus den x_2, y_2, z_2, x'_2, y'_2 und z'_2 auf Grund der Formeln auf S. 95—96 meiner Schrift in den Astr. Nachr. und nehmen bei der nahen Übereinstimmung der Koordinaten und Geschwindigkeiten, die dort unter Benutzung aller 6 Beobachtungsdaten abgeleitet wurden, entsprechend nahe übereinstimmende Werte an, nämlich:

$$\begin{cases} T = 1896 \text{ Juli } 9.287 \\ \left.\begin{aligned} \omega &= 38^0\ 13'.06 \\ A &= 150^0\ 34.10 \\ i &= 88^0\ 29.096 \end{aligned}\right\} \text{Aequin. } 1896.0 \\ \lg q = 0.04625, \end{cases}$$

wobei die wahre Anomalie w_2 aus

$$\cos\frac{w}{2} = \sqrt{\frac{q}{r}} \text{ resp. } \operatorname{tg}\frac{w}{2} = \sqrt{\frac{r}{q} - 1}$$

abgeleitet wurde und daraus dann $\omega = u_2 - w_2$, wo u_2 das Argument der Breite.

§ 2.

Die Multiplizität der Lösungen.

Was die Frage nach der Mehrzahl der Lösungen der Hauptgleichung 14a) und die notwendigen Bedingungen hierfür anbetrifft, so hat sich bisher, wie gezeigt, allgemein eine doppelte Lösung, wie bei den Planetenbahnen, als möglich erwiesen. Es könnte aber möglich sein, daß die Gleichung 6. Grades in Spezialfällen von vorneweg auf eine Gleichung niederen Grades reduziert wird und diese mehr als 2 positive reelle Lösungen r, mehr als 2 reellen Bahnen entsprechend, besitzen kann. Das ist bei den Kometenbahnen tatsächlich möglich, wie jetzt bewiesen werden soll.

Die zu der Grundgleichung in r_2 oder einer der Koordinaten x_2, y_2 oder z_2 führenden beiden Hauptgleichungen waren:

a) $r_2^2 = x_2^2 + y_2^2 + z_2^2 = x^2 + (\alpha x + \beta)^2 + (\gamma x + \delta)^2$,

b) $\dfrac{2k^2}{r_2} = x_2'^2 + y_2'^2 + z_2'^2 = (\alpha' x_2 + \beta')^2 + (\gamma' x + \delta')^2 + (\varepsilon' x + \zeta')^2$;

die rechte Seite der Gleichung b) bleibt stets vom 2. Grade in x_2, weil $\alpha'^2 + \gamma'^2 + \varepsilon'^2 \neq 0$ stets, wenn nicht alle 3 Koeffizienten α', γ' und ε' gleichzeitig 0 werden, sodaß in diesem Falle r_2 nach b) von x_2 überhaupt unabhängig wäre und dann also direkt aus den Beobachtungsdaten nach b) zu berechnen wäre, wonach x_2 aus a) folgen würde. Die Bedingungen $\alpha' = \gamma' = \varepsilon' = 0$ bedeuten aber eine dreifache Beschränkung der 5 Beobachtungsdaten und die Lösung bleibt trotzdem nach a) als Gleichung 2. Grades in x_2 eine zweideutige, wie im allgemeinen Falle, sodaß die Bedingungen in diesem Falle nicht zu einer höheren Multiplizität führen. Sind von den Koeffizienten α', γ' und ε' nur einer oder zwei verschieden von 0, so bleibt die Gleichung b) vom 2. Grade in x_2 also unverändert gegen den allgemeinen Fall, sodaß keine Reduktion des Grades der aus a) und b) resultierenden Gleichung erfolgen kann. Es verbleibt nur eine Möglichkeit der Reduktion und zwar durch die Reduktion der Gleichung a), auf eine Gleichung niederen Grades, wenn 23) $r_2^2 = f^2 \cdot x_2^2$ wird, wo f nur von den Beobachtungsdaten abhängig ist; dann wird nämlich 24) $r_2 = \pm f x_2$, so daß die Substitution von x_2 oder r_2 nach dieser Beziehung 24) in die Gleichung b) zu einer Gleichung 3. Grades in x_2 oder r_2 führt, mit also einer oder drei reellen positiven Wurzeln, entsprechend einer oder drei möglichen parabolischen Bahnen, wobei aber die dreifache Möglichkeit reeller Lösungen auf Grund der Untersuchung der Koeffizienten zu beweisen bleibt.

Geometrisch war die Möglichkeit von einer oder von 3 reellen Lösungen im Spezialfall $w_1 = r_2^2 = c x^2$ bereits auf S. 122 bei der Untersuchung der Schnitte der Kurven w_1 und w_2 erkannt worden.

Die Bedingung für die Form 23) resp. 24) ist nach a): $\beta = \delta = 0$, so daß $r = x\sqrt{1 + \alpha^2 + \gamma^2}$. Da nun

$$\beta = X_2 \operatorname{tg} \lambda_2 - Y_2 \text{ und}$$

$$\delta = \frac{1}{D}\left[\frac{\tau_3 X_1 - \tau_1 X_3}{\tau_3 - \tau_1}(S_1 - S_3) - \frac{\tau_3 Y_1 - \tau_1 Y_3}{\tau_3 - \tau_1}(C_1 - C_3) - U_2(C_1 - C_3)\right],$$

wo D die Determinante der 5 Gleichungen (I—V) (s. Formel 7) und wo $U_2 = X_2 \operatorname{tg} \lambda_2 - Y_2 = \beta$, so sagt die 1. Bedingung $\beta = 0$ aus, daß $\operatorname{tg} \lambda_2 = \frac{Y_2}{X_2}$ oder, da $\frac{Y_2}{X_2} = \operatorname{tg} \Theta_2$, wenn Θ_2 die Länge der zweiten Sonnenposition, sodaß $\lambda_2 = \Theta_2$ oder $= 180 + \Theta_2$

sein muß; der zweite Kometenort muß also zur Sonne in Konjunktion oder Opposition sein. Dann ist aber auch $U_{\mathrm{II}} = 0$, sodaß δ sich im obigen Ausdrucke auf die ersten beiden Terme reduziert; da aber der 2. Term $\tau_3 Y_1 - \tau_1 Y_3 = 0$ ist, weil bei Verlegung des Nullpunktes der Längen in den zweiten Sonnenort: $\frac{Y_1}{Y_3} = \frac{R_1 \sin \Theta_1}{R_3 \sin \Theta_2} = \frac{\Theta_1}{\Theta_3}$ ist, wenn sich der 1. und 3. Sonnenort nicht allzuweit vom 2. entfernen; dann aber ist auch $\frac{\Theta_1}{\Theta_3} = \frac{\tau_1}{\tau_3}$, also folglich $\frac{Y_1}{Y_3} = \frac{\tau_1}{\tau_3}$ oder $\tau_3 Y_1 - \tau_1 Y_3 = 0$, sodaß δ sich weiter allein auf den ersten Term reduziert, nämlich $\delta = \frac{1}{D} \frac{\tau_3 X_1 - \tau_1 X_3}{\tau_3 - \tau_1} (S_1 - S_3)$.

Die Bedingung $\delta = 0$ kann nicht erfüllt sein durch $\frac{\tau_3 X_1 - \tau_1 X_3}{\tau_3 - \tau_1} (S_1 - S_3) = 0$, da X_1 und X_3 bei kleinen Werten von τ_1 und τ_3 nach Wahl des obigen Nullpunktes der Längen, sodaß die x-Achse durch den zweiten Sonnenort geht, immer nahe gleich bleiben, während $\tau_3 - \tau_1$ als Differenz der Zeiten zwischen der ersten und dritten Beobachtung nicht verschwinden kann. Es verbleibt also nur die Möglichkeit, daß $S_1 - S_3 = 0$ ist, d. h. $\operatorname{ctg} \beta_1 \sin \lambda_1 = \operatorname{ctg} \beta_3 \sin \lambda_3$, was geometrisch besagt, daß der 1. und 3. Ort des Kometen auf demselben Großkreise durch den Anfangspunkt der Längenzählung, also den 2. Sonnenort, gelegen sind, sodaß $\operatorname{ctg} \beta_1 \sin \lambda_1 = \operatorname{ctg} \beta_3 \sin \lambda_3 = \operatorname{ctg} s$, wo s den Neigungswinkel des genannten Großkreises gegen die Grundebene der Ekliptik fixiert. Da wegen der Wahl des Anfangspunktes der Längen die Größen $\lambda_2 = \Theta_2 = 0$ sind, so ist, weil $\gamma = \frac{1}{D} [S_1 - S_3 - T_2 (C_1 - C_3)]$, mit Rücksicht auf $T_2 = 0$ und $S_1 - S_3 = 0$, schließlich auch $\gamma = 0$, sodaß also γ und δ zugleich verschwinden und somit $z_2 = 0$ wird. Das heißt aber, daß der 2. Kometenort außer derselben Länge wie bei der zweiten Sonne auch dieselbe Breite $\beta_2 = 0$ besitzt, sodaß der 2. Sonnenort resp. dessen Gegenpunkt, und der 2. Kometenort überhaupt zusammenfallen. Folglich findet immer nur dann eine Reduktion der Grundgleichungen auf den 3. Grad statt, wenn die 3 Kometenörter auf einem Großkreise durch den 2. Sonnenort oder dessen Gegenpunkt gelegen sind und der 2. Kometenort und der 2. Sonnenort resp. dessen Gegenpunkt zusammenfallen.

Liegt der 2. Kometenort aber nur in der Nähe des 2. Sonnenortes oder seines Gegenpunktes, so ist die Bedingung $w_1 = r^2 = x^2$ nur genähert erfüllt, aber die Parabel $w_1 = cx^2 + dx + e$ (c nahe $= 1$, d und e klein) liegt mit ihrem Scheitel immer in der Nähe der x-Achse und wird deshalb von der Kurve w_2 in 2 oder 4 Punkten geschnitten, von denen aber nur einer oder drei brauchbar sind, indem 3 oder 1 Punkt zu Werten von z_2 führen, die in ihrem Vorzeichen der Beobachtung widersprechen.

Die strenge Erfüllung der Bedingungen trifft bei den von Herrn Banachiewicz gegebenen Beispielen einer dreifachen parabolischen Lösung außerhalb und innerhalb der Ekliptik zu. Daß und wann in diesen Fällen nun aber nicht etwa nur eine reelle positive Wurzel, sondern tatsächlich drei reelle positive Wurzeln der resultierenden kubischen Gleichung auftreten, ist jetzt zu beweisen.

Mit Rücksicht auf die Bedingungen:

$$S_1 = S_3 = S, \quad T_2 = U_2 = \operatorname{tg} \lambda_2 = \operatorname{tg} \Theta_2 = 0,$$
$$y_2 = z_2 = 0 \text{ und } r = \pm x$$

wird die Determinante D des Systems I)—V) nach 7):

$$D = \frac{S(C_3 - C_1)}{\tau_3 - \tau_1}$$

und deshalb z_2' nach 6) und 7):

$$z_2' = \frac{\tau_3 - \tau_1}{\tau_3 \tau_1} \cdot \frac{x_2}{(C_1 - C_3)} + \frac{\tau_3 X_1 - \tau_1 X_3}{\tau_3 \tau_1 (C_1 - C_3)},$$

so daß gemäß Ia) und IIa) und 6):

$$\begin{cases} x_2' \tau_1 = -x_2 - X_1 + \dfrac{\tau_3 - \tau_1}{\tau_3} \cdot \dfrac{C_1}{C_1 - C_3} x_2 + \dfrac{C_1}{C_1 - C_3} \dfrac{\tau_3 X_1 - \tau_1 X_3}{\tau_3} \\ y_2' \tau_1 = -Y_1 \quad + \dfrac{\tau_3 - \tau_1}{\tau_3} \dfrac{S_1}{C_1 - C_3} x_2 + \dfrac{S_1}{C_1 - C_3} \cdot \dfrac{\tau_3 X_1 - \tau_1 X_3}{\tau_3} \\ z_2' \tau_1 = \dfrac{\tau_3 - \tau_1}{\tau_3} \cdot \dfrac{1}{C_1 - C_3} x_2 + \dfrac{\tau_3 X_1 - \tau_1 X_3}{\tau_3} \cdot \dfrac{1}{C_1 - C_3} \end{cases}$$

zwecks Substitution in die Bedingungsgleichung:

$$\frac{2 k^2 \tau_1^2}{r_2} = (x_2' \tau_1)^2 + (y_2' \tau_1)^2 + (z_2' \tau_1)^2.$$

Der Einfachheit halber darf, unbeschadet der Allgemeinheit, Aequidistanz der Zeiten und Längen, also auch Breiten angenommen werden, weil hiermit eine nicht unwesentliche Vereinfachung der Formeln erreicht wird. Dann ist nämlich $\tau_3 = -\tau_1$, $C_3 = -C_1$ und $X_3 = X_1$, so daß

$$\frac{\tau_3 - \tau_1}{\tau_1} = \frac{C_1}{C_1 - C_3} = \tfrac{1}{2}, \quad \frac{\tau_3 X_1 - \tau_1 X_3}{\tau_3} = 2 X_1,$$

$$\frac{S_1}{C_1 - C_3} = \tfrac{1}{2} \operatorname{tg} \lambda_1 \text{ und } \frac{1}{C_1 - C_3} = \tfrac{1}{2} \frac{\operatorname{tg} \beta_1}{\cos \lambda_1},$$

sodaß weiterhin:

$$x_2' \tau_1 = 0, \quad y_2' \tau_1 = x_2 \operatorname{tg} \lambda_1 + X_1 \operatorname{tg} \lambda_1 - Y_1,$$

$$z_2' \tau_1 = x_2 \frac{\operatorname{tg} \beta_1}{\cos \lambda_1} + X_1 \frac{\operatorname{tg} \beta_2}{\cos \lambda_1}.$$

Die Substitution in die parabolische Bedingung ergibt:

$$\frac{1}{\sqrt{w_2}} = \frac{2 k^2 \tau_1^2}{r_2} = c' x_2^2 + d' x_2 + e',$$

wo $c' > 0$ und $e' > 0$, wie früher, und

$$d' = 2 X_1 (\operatorname{tg}^2 \lambda_1 + \operatorname{tg}^2 \beta_1 \sec^2 \lambda_1) - 2 Y_1 \operatorname{tg} \lambda_1.$$

Substituiert man im Falle a) $x_2 = r_2$ (obere Konjunktion) in die Bedingungsgleichung, so entsteht die kubische Gleichung:

$$c' r^3 + d' r^2 + e' r - 2 k^2 \tau_1^2 = 0;$$

ist $d' > 0$, so hat diese Gleichung nur eine, ist aber $d' < 0$, so hat sie 3 reelle positive Wurzeln und liefert dementsprechend 3 reelle parabolische Bahnen.

Analog der früheren geometrischen Untersuchung der Zahl der Lösungen der Gleichung 6. Grades ergibt sich hier, daß die Kurve w_2, deren Form dieselbe wie früher ist, von den unter $\pm 45^0$ gegen die x-Achse ansteigenden Graden $r = \pm x$ in einem oder 3 Punkten geschnitten wird, wie die geometrische Aufzeichnung sofort ergibt.

Da $X_1 = +1$ (sehr nahe) und $Y_1 < 0$ ($Y_2 = 0$, $Y_3 > 0$), so ist $d' > 0$, wenn $\lambda_1 > 0$; ist $\lambda_1 < 0$, so entscheidet die Größe beider Glieder in d'. Ist im Falle b) $x_2 = -r_2$ (untere Konjunktion oder Opposition des Kometen um die Gegensonne), so wird

$$c' r_2^3 - d' r_2^2 + e' r_2 - 2 k^2 \tau_1^2 = 0,$$

also bei

$$\left. \begin{array}{l} d' > 0, \text{ 3 Parabeln} \\ d' < 0, \text{ 1 Parabel} \end{array} \right\}.$$

Diese Bedingungen sind bei dem Beispiel von Herrn Banachiewicz erfüllt und die Richtigkeit seiner Behauptungen bestätigt. Liegt der 2. Kometenort nur in der Nachbarschaft des 2. Sonnenortes oder seines Gegenpunktes, so sind, wie aus der geometrischen Betrachtung auf S. 135 folgte, 3 Parabeln als Lösungen möglich, wie sie zum 1. Mal bei dem von v. Oppolzer behandelten Beispiel des Kometen Cruls 1882 II in Erscheinung traten.

Der Spezialfall, daß die Kometenbewegung ganz in der Ekliptik stattfindet, bedarf einer Sonderuntersuchung in Bezug auf die Zahl der Lösungen, weil die Beobachtungsdaten und dementsprechend die Gleichungen andere als bei räumlicher Bewegung gegen die Ekliptik sind; wegen des Nichtvorkommens der Breiten sind die Beobachtungsparameter C_α und S_α durch andere zu ersetzen, indem nämlich nur die Längen λ_α zu beobachten sind, sodaß nach den Gleichungen 1) zwecks Elimination von ϱ_α und β_α zu bilden sind: a) $\frac{\eta_\alpha}{\xi_\alpha} = \frac{y_\alpha + Y_\alpha}{x_\alpha + X_\alpha} = \operatorname{tg} \lambda_\alpha$, wo $\alpha = 1$, 2 und 3, um mit den weiteren beiden Bedingungsgleichungen b) $r_2^2 = x_2^2 + y_2^2$ und c) $\frac{2k^2}{r_2} = x'^2 + y'^2$ zusammen die fünf Unbekannten x_2, y_2, x_2', y_2' und r_2 aus also 3 Kometenbeobachtungen ermitteln zu können. Die Beseitigung der Nenner in a) und die Potenzentwicklung von x_1, y_1, x_3 und y_3 nach τ_1 und τ_3 liefert alsdann, wenn noch $x_2'' = -k^2 \frac{x_2}{r_2^3}$ etc. substituiert wird, die folgenden 3 Gleichungen:

$$\text{d)} \begin{cases} 1) \; -\operatorname{tg}\lambda_1 x_2\left(1 - \frac{1}{2}\frac{k^2\tau_1^2}{r_2^3}\right) + y_2\left(1 - \frac{1}{2}\frac{k^2\tau_1^2}{r_2^3}\right) - \tau_1 \operatorname{tg}\lambda_1 x_2' + \tau_1 y_2' \\ \qquad = X_1 \operatorname{tg}\lambda_1 - Y_1 + (R), \\ 2) \; -x_2 \operatorname{tg}\lambda_2 + y_2 = X_2 \operatorname{tg}\lambda_2 - Y_2, \\ 3) \; -\operatorname{tg}\lambda_3 x_2\left(1 - \frac{1}{2}\frac{k^2\tau_3^2}{r_2^3}\right) + y_2\left(1 - \frac{1}{2}\frac{k^2\tau_3^2}{r_2^3}\right) - \tau_3 \operatorname{tg}\lambda_3 x_2' + \tau_3 y_2' \\ \qquad = X_3 \operatorname{tg}\lambda_3 - Y_3 + (R), \end{cases}$$

wo unter (R) immer die Restglieder verstanden sind, die hier theoretisch nicht in Frage kommen und praktisch wegen des vorliegenden Idealfalles gar keine Rolle spielen. Die Substitution von y_2 nach der 2. Gleichung in d) in die 1. und 3. Gleichung von d) gibt 2 Gleichungen für x_2' und y_2' als lineare Funktionen von x_2, sodaß die Substitution von x_2' und y_2' in die Bedingungen b) und c), wie im allgemeinen Falle, Gleichungen der Form ergibt:

$$\text{e)}\quad \begin{cases} w_1 = r_2^2 = \alpha x^2 + \beta x + \gamma \\ \dfrac{2k^2}{\sqrt{w_2}} = \dfrac{2k^2}{r_2} = \alpha' \cdot x^2 + \beta' x + \gamma', \end{cases}$$

sodaß, wie im allgemeinen Falle der Kometenbahnbestimmung, die resultierende Gleichung in r_2 oder einer der Koordinaten oder Geschwindigkeiten vom 6. Grade wird, falls nicht in Spezialfällen wieder eine Reduktion der Gleichungen möglich wird. Die notwendige Bedingung dafür ist auch hier, daß $y_2 = f \cdot x_2$ wird, wo f eine Funktion der Beobachtungsdaten, sodaß alsdann $r_2 = \pm g x_2$ wird und die Substitution in die Parabelbedingung wieder eine Gleichung 3. Grades ergibt. Die Form $y_2 = f x_2$ bedingt nun nach d_2), daß: $X_2 \operatorname{tg} \lambda_2 - Y_2 = 0$, sodaß $\lambda_2 = \Theta_2$ sein muß, wie im allgemeinen räumlichen Falle, und daß infolgedessen jede andere beliebige Lage des zweiten Kometenortes in der Ekliptik, wie im allgemeinen Falle, zu zwei reellen Wurzeln, entsprechend den beiden Schnittpunkten der Kurven w_1 und w_2 gemäß den Gleichungen e) führen muß; wie im allgemeinen räumlichen Falle fällt aber auch hier die eine Wurzel weg, weil der entsprechende Kometenort auch hier aus demselben Grunde auf der Gegenrichtung des beobachteten Ortes gelegen ist. Wird wieder der zweite Sonnenort als Anfangspunkt der Längen gewählt, sodaß in unserem Spezialfall $\Theta_2 = \lambda_2 = 0$, so wird $y_2 = 0$ und dann also:

$$\begin{aligned} &\text{d}_1)\quad -x_2 \operatorname{tg}\lambda_1 \left(1 - \tfrac{1}{2}\frac{k^2\tau_1^2}{r_2^3}\right) - \tau_1 \operatorname{tg}\lambda_1 x_2' + \tau_1 y_2' = X_1 \operatorname{tg}\lambda_1 - Y_1, \\ &\text{d}_3)\quad -x_2 \operatorname{tg}\lambda_3 \left(1 - \tfrac{1}{2}\frac{k^2\tau_3^2}{r_2^3}\right) - \tau_3 \operatorname{tg}\lambda_3 x_2' + \tau_3 y_2' = X_3 \operatorname{tg}\lambda_3 - Y_3. \end{aligned}$$

Da $\lambda_2 = 0$, so haben λ_1 und λ_3 entgegengesetzte Vorzeichen, ebenso Y_1 und Y_3, während X_1 und X_3 dasselbe Vorzeichen haben und bei kleinen Zwischenzeiten nahe gleich sind. Zur Untersuchung der Beschaffenheit der Wurzeln der Lösung ist es auch hier hinreichend, eine Aequidistanz der Zeiten anzunehmen, sodaß also $\tau_3 = -\tau_1$ und bei kleinen Zwischenzeiten deshalb auch $Y_3 = -Y_1$, $X_3 = X_1$, und schließlich ist es auch keine besondere Beschränkung, die λ_1 und λ_3 dem absoluten Betrage nach gleich anzunehmen, also $\lambda_3 = -\lambda_1$ zu setzen. Dann hat man die von Herrn Banachiewicz getroffenen Voraussetzungen des von ihm fingierten Beispiels. Es folgt alsdann nach den Gleichungen d_1) und d_3) bei Addition und Subtraktion derselben:

f) $x_2' = 0$ und $\tau_1 y_2' = X_1 \operatorname{tg} \lambda_1 - Y_1 + x_2 \operatorname{tg} \lambda_1 \left(1 - \frac{1}{2} \frac{k^2 \tau_1^2}{r_2^3}\right)$,

so daß

g) $$\begin{cases} r_2 = \pm x_2 \\ \dfrac{2k^2}{r_2} = x_2'^2 + y_2'^2 = y_2'^2 = \dfrac{1}{\tau_1^2}(\alpha + \beta x_2) \end{cases}$$

wird, wo $\alpha = X_1 \operatorname{tg} \lambda_1 - Y_1$, $\beta = \operatorname{tg} \lambda_1$ $\Big($abgesehen von dem Korrektionsfaktor $\left(1 - \frac{1}{2} \frac{k^2 \tau_1^2}{r_2^3}\right)\Big)$. Folglich entsteht nach g) die Gleichung 3. Grades in r_2:

h) $$2 k^2 \tau_1^2 = r(\alpha \pm \beta r)^2,$$

wo das obere Zeichen der oberen Konjunktion und das untere Zeichen der unteren Konjektion, resp. Opposition des zweiten Kometenortes mit dem Gegenpunkte der Sonne entspricht. Folglich lautet die Gleichung 3. Grades:

i) $$\beta^2 r_2^3 \pm 2 \alpha \beta r_2 + \alpha^2 r_2 - 2 k^2 \tau_1^2 = 0.$$

Im Falle des oberen Vorzeichens ergeben sich also nur eine oder drei reelle positive Wurzeln r_2, falls $\alpha \cdot \beta \gtrless 0$, im Falle des unteren Vorzeichens, falls $\alpha \cdot \beta \lessgtr 0$. Da $\alpha = X_1 \operatorname{tg} \lambda_1 - Y_1$, so ist $\alpha \gtrless 0$, falls $\operatorname{tg} \lambda_1 \gtrless \frac{Y_1}{X_1}$ d. h. falls $\lambda_1 \gtrless \Theta_1$, und ferner ist $\beta = \operatorname{tg} \lambda_1 \gtrless 0$, falls $\lambda_1 \gtrless 0$. Die Kombination $\alpha \cdot \beta \gtrless 0$ entscheidet dann also in einfacher Weise über die Zahl der möglichen Parabeln, sodaß nur eine oder drei durch die drei Kometenörter gehen können.

Das Kriterium für die Möglichkeit von 3 Parabeln in der Umgebung der strengen Bedingungen, also in der Nähe der 2. Sonne resp. Gegensonne, ergibt sich am einfachsten auf dem folgenden Wege. Da die Schnittpunkte der Kurve w_1 mit dem Asymptotenzweige der Kurve w_2 in der Nähe der Abscissenachse (x, y oder z) stattfinden, so ist die Bedingung eines Schnittes beider Kurven an dieser Stelle die, daß die Ordinate des Scheitelpunktes der Parabel w_1 kleiner als die Ordinate von w_2 an der dem Scheitelpunkte entsprechenden Abscisse sein muß. Die Koordinaten x_1 und w_1^1 des Scheitelpunktes der Parabel $w_1 = c x^2 + d x + e$ sind aber:

$$x_1 = -\frac{d}{2c} \text{ und } w_1^1 = e - \tfrac{1}{4}\frac{d^2}{c},$$

sodaß die Substitution in w_2 ergibt:

$$w_2^1 = \frac{16 k^4 c^2}{c' d^2 - 2 c d d' + 4 c^2 e'}.$$

Folglich gibt unsere Bedingung: $w_1^1 < w_2^1$ als die gesuchte Bedingung zwischen den Koeffizienten d. h. zwischen den Beobachtungsdaten die Ungleichung

$$e - \tfrac{1}{4}\frac{d^2}{c} < \frac{16 k^4 c^2}{c' d^2 - 2 c d d' + 4 c^2 e'},$$

vorausgesetzt aber noch, daß die linke Seite, die w_1^1 darstellt, klein ist, damit die Asymptotenzweige von w_2 geschnitten werden, da die Ungleichung ganz allgemein überhaupt die Bedingung des Schnittes von w_1 und w_2 zum Ausdruck bringt.

Da dieser Ausdruck keine einfache und übersichtliche Funktion der Längen und Breiten des Kometen, der Sonnenlängen und der Zeiten ist, erscheint eine explizite Darstellung des Ausdruckes in Abhängigkeit von den genannten Größen als nicht lohnend.

Insgesamt ergibt sich also das folgende Resultat: Im Raume geht im Allgemeinen nur eine Parabel durch 3 Örter mit 5 Beobachtungsdaten, ebenso bei 3 Beobachtungen in der Ekliptik; fällt aber der 2. Kometenort mit dem 2. Sonnenorte oder dessen Gegenpunkt zusammen, so sind 3 Parabeln oder nur eine durch die 3 Örter hindurchlegbar. Liegen ferner unter Voraussetzung der Koinzidenz des 2. Kometen- und des 2. Sonnenortes der 1. und der 3. Ort des Kometen außerhalb der Ekliptik, aber auf einem Großkreise durch die 2. Sonne oder deren Gegenpunkt, so sind ebenfalls 3 verschiedene Parabeln resp. nur eine durch die 3 Örter des Kometen möglich. Dieses sind die strengen und notwendigen Bedingungen für die Multiplizität der Lösungen der parabolischen Kometenbahnbestimmung aus 5 Beobachtungsdaten. Die obige Ungleichung (S. 140) entscheidet in der Nähe der singulären Stellen über eine eventuelle Multiplizität der Lösungen gegenüber dem gewöhnlichen Falle einer einfachen Lösung.

Über den Rhodinen ähnliche Körper.

Von **Hans Fischer** (gemeinsam mit **A. Treibs** und **J. Helberger**).

(Aus dem Organisch-chemischen Institut der Technischen Hochschule München.)

Vorgetragen in der Sitzung am 9. Juni 1928.

Weitgehende Aufklärung über das Chlorophyll verdanken wir Willstätter. Auf Grund seiner Feststellungen ist das Chlorophyll eine zusammengesetzte Verbindung, die aus Farbstoff und Phytol, einem hoch molekularen Alkohol, besteht. Der Farbstoff enthält Magnesium komplex gebunden. Durch Behandlung mit Oxalsäure läßt sich dem Chlorophyll das Magnesium entziehen und man erhält Phäophytin. Letzteres wird durch kurz dauernde Verseifung mit alkoholischem Kali unter verschiedenartigen Bedingungen in Chlorine bzw. Rhodine übergeführt. Chlorine und Rhodine stehen nach Willstätter zum Chlorophyll noch in nahen Beziehungen, denn diese sind nichts anderes als die magnesiumfreien Derivate der entsprechenden Iso-Chlorophylline.

Von den Rhodinen aus gelangt man dann zu den Porphyrinen, die typische Pyrrolfarbstoffe sind. Die Pyrrolnatur ersterer ist noch nicht bewiesen; ihr Abbau hat nur wenig Pyrrole und wenige Oxydationsprodukte gegeben.

Wir haben nun gefunden, daß ganz allgemein Porphyrine unter der Einwirkung von konzentrierter Schwefelsäure-Wasserstoffsuperoxyd oder Schwefelsäure allein, besser unter Zusatz von SO_3 [Oleum] oder durch Behandlung mit Aluminiumchlorid mit und ohne Lösungsmittel in gut kristallisierte Körper übergehen, die in ihren Eigenschaften, auch den spektroskopischen, den Rhodinen prinzipiell ähnlich sind. Bei Körpern vom Ätioporphyrin-

Typ können bei der Behandlung mit Schwefelsäure-Wasserstoffsuperoxyd ein und mehrere Sauerstoffatome aufgenommen werden[1]) und bei weiterer Oxydation entsteht schließlich Methyläthylmaleinimid. Folglich sitzt der neu eingetretene Sauerstoff entweder am Stickstoff oder wahrscheinlicher an den Methingruppen.

Monocarbonsäuren geben mit SO_3-haltiger Schwefelsäure indifferente Verbindungen vom Rhodintyp, die Tri- und Tetracarbonsäuren saure Produkte. Beim Mesoporphyrin entstehen unter dem Einfluß von Schwefelsäure-Wasserstoffsuperoxyd indifferente und saure Verbindungen nebeneinander. Die indifferente Verbindung erklärt sich vielleicht durch Laktonbildung zwischen der (hypothetischen) Oxy- und Carboxylgruppe, während Willstätter bei analytischen analogen Körpern die Indifferenz durch Laktambildung erklärt hat. Letztere wird wahrscheinlich den indifferenten Monocarbonsäureprodukten zugrunde liegen[2]).

Mesoporphyrin-Ester gibt mit Aluminiumchlorid in der Schmelze sowie mit Lösungsmitteln, besonders Acetylchlorid, „Rhodin"; bei letzterem Verfahren kristallisiert das Rhodin gut, ebenso mit Oleum.

Beim Abbau verschiedener Porphyrine mit Kaliummethylat erhielten wir Chlorin, jedoch ist hier die Ausbeute noch gering; durch Änderung der Bedingungen, insbesondere Zusatz von Oxydationsmitteln hoffen wir auch hier bessere Erfolge zu erzielen.

Obige Versuche erschließen das Chlorophyll-Gebiet der synthetischen Arbeit und scheinen deshalb zu dieser vorläufigen Mitteilung zu berechtigen.

---

[1]) Vgl. A. 452, 274 (1927).

[2]) Anmerkung bei der Korrektur:

Die Elementaranalysen der „Rhodine" aus Monocarbonsäuren und Mesoporphyrin (mit Oleum dargestellt) ergaben Werte auf Austritt von 1 Mol. Wasser. Nachdem in beiden Fällen noch Komplexsalzbildung stattfindet und aus den Körpern wieder die ursprünglichen „Rhodine" regeneriert werden, wird vielleicht die Wasser-Abspaltung beim Übergang der Porphyrine in „Rhodine" zwischen Methin- und Carboxylgruppe eintreten.

Über neue Eigenschaften der Klein'schen Kurve $x_i^3 x_k + x_k^3 x_l + x_l^3 x_i = 0$.

Von **W. Franz Meyer** in Königsberg i. Pr.

Dem Andenken F. Klein's gewidmet.

Vorgelegt von W. v. Dyck in der Sitzung am 9. Juni 1928.

Eine der fruchtbarsten Schöpfungen von F. Klein ist meines Erachtens die durch eine Gruppe G_{168} ternärer Kollineationen in sich übergehende ebene Kurve 4. Ordnung[1]) $c_4' \equiv x_i^3 x_k + x_k^3 x_l + x_l^3 x_i = 0$ vom Geschlecht Drei, die den Theorien der endlichen Gruppen und ihrer Invarianten, der Transformation 7. Ordnung der elliptischen Funktionen, und der Gleichungen 6. Grades zugleich angehört. Da die Gruppen- und Invariantentheorien einer c_4 vom Geschlecht Drei, und einer allgemeinen Fläche 3. Ordnung F_3, auf Grund der Geiser'schen Projektion der letzteren, bis zu einem gewissen Grade parallel laufen, so soll es sich im Folgenden darum handeln, zu vorgegebener c_4' eine geeignete zugehörige F_3 zu ermitteln, und vermöge deren (1,1)-deutigen Abbildung auf die Ebene diesen Zusammenhang für die Klein'sche c_4' nutzbar zu machen.

1. Bedeuten x_i, x_k, x_l, x_m die Koordinaten eines Raumpunktes, so lautet die nach x_m geordnete Gleichung einer F_3, von der wir annehmen dürfen, daß sie die Koordinatenecken A_i, . . ., A_m enthalte:

$$
\begin{aligned}
F_3 \equiv x_m^2 (a_i x_i + a_k x_k + a_l x_l + 2 x_m (b_i x_i^2 + \cdots + b_i' x_k x_l + \cdots) \\
+ (c_{ik} x_i^2 x_k + c_{ki} x_k^2 x_i + \cdots + c\, x_i x_k x_l) \equiv x_m^2 A + 2 x_m B \\
+ C = 0.
\end{aligned}
\tag{1}
$$

[1]) S. z. B. R. Fricke, Algebra, Bd. II, Braunschweig 1926, Abschn. II.

Sei A_m das Projektionszentrum, von dem aus die Tangenten an die F_3 gehen, und seine Gegenebene ($x_m = 0$) die Projektionsebene. Dann ist die Gleichung des Geiser'schen Berührkegels, und zugleich seines Schnittes mit der Projektionsebene:

(2) $$AC - B^2 = 0.$$

Soll diese Gleichung mit der der c_4' übereinstimmen, so muß die Identität erfüllt sein:

(3) $$AC - B^2 \equiv x_i^3 x_k + x_k^3 x_l + x_l^3 x_i.$$

Die Vergleichung der Koeffizienten liefert zunächst das Verschwinden der Größen $b_i, b_k, b_l; c_{il}, c_{ki}, c_{lk}$, führt aber im Übrigen auf ein kompliziertes System von Beziehungen zwischen den weiteren Koeffizienten in (1), dessen vollständige Auflösung kaum ausführbar wäre. Indessen genügt es, eine möglichst einfache partikuläre Lösung zu ermitteln.

Führt man die drei Produkte $p_i = a_i b_i$ als selbständige Größen ein, so ergeben sich zwischen ihnen die Relationen:

(4) $$p_i(2p_l - p_i) = p_k(2p_i - p_k) = p_l(2p_k - p_l).$$

Diese besitzen vier Lösungen (die alle reell sind), unter denen sich die rationale: $p_i = p_k = p_l$ befindet. Legt man letztere zu Grunde, und partikularisiert in geeigneter Weise weiter, so erkennt man, daß die einfachste F_3 (1), die der Identität (3) genügt, die mit lauter gleichen Koeffizienten ist:

(I) $$F_3' \equiv x_m^2(x_i + x_k + x_l) + 2x_m(x_k x_l + x_l x_i + x_i x_k) + (x_i^2 x_k + x_k^2 x_l + x_l^2 x_i + x_i x_k x_l) \equiv x_m^2 A' + 2x_m B' + C' = 0.$$

Diese Fläche 3. Ordnung F_3' möge die „Klein'sche" heißen.

2. Behufs Abbildung der F_3' auf die Ebene ist es vorab erforderlich, die Fläche nach Graßmann'scher Vorschrift durch drei kollineare Ebenenbündel zu erzeugen. Wählt man als deren Zentra die Punkte A_i, A_k, A_l, so hat man als Ansatz eine Determinantendarstellung der F_3' von der Form:

(5) $$|\, d_i x_m + a_k x_k + a_l x_l, \quad d_k x_m + b_l x_l + b_i x_i, \quad d_l x_m + c_i x_i + c_k x_k \,| = 0,$$

wo die Koeffizienten in der zweiten und dritten Reihe durch ein- resp. zweimalige Akzentuierung charakterisiert seien. Denkt man sich die rechte Seite von (5) nach Potenzprodukten der x_m, x_i, x_k, x_l ontwickelt, und vergleicht dann mit (I), so ergibt sich ein System von Determinantenrelationen. Zieht man unter diesen zunächst die sieben heran, wo eine einzelne Determinante verschwindet, löst diese nach den Größen d_i, d_k, d_l; a_l, b_i, c_k nebst den akzentuierten auf, und zieht sodann die weiteren Relationen heran, so kommt als einfachste Lösung das System der Beziehungen:

$$(6)\qquad \begin{cases} d_i = -c_i = a_l - b_i, \\ d_k = -a_k = b_i - c_k, \\ d_l = -b_l = c_k - a_l, \end{cases}$$

nebst den beiden parallel laufenden.

3. Setzt man dies in (5) ein und ersetzt dann (5) durch drei lineare Gleichungen in den x, indem man jeweils die Elemente einer Reihe mit denselben drei Parametern z_i, z_k, z_l multipliziert und addiert, so hat man die gewünschte Graßmann'sche Erzeugung der F_3' in algebraischer Gestalt.

Löst man nunmehr diese drei Gleichungen gemäß der Methode von Clebsch nach den x auf, so gelangt man zu der expliziten Darstellung der Klein'schen F_3':

$$\text{(II)}\qquad \begin{aligned} x_i : x_k : x_l : x_m = {} & z_i^3 - z_k^2 z_l : z_k^3 - z_l^2 z_i : z_l^3 - z_i^2 z_k \\ & : (z_k + z_l)(z_l + z_i)(z_i + z_k) - z_i z_k z_l. \end{aligned}$$

Deutet man hier die z als Punkt-Koordinaten in einer Hilfsebene Z, so liefert (II) die (1,1)-deutige Abbildung der F_3' auf diese Ebene. Den ebenen Schnitten der F_3' korrespondiert ein Gebüsch von ebenen Kurven 3. Ordnung c_3'. Dieses Gebüsch hat sechs gemeinsame Grundpunkte A_r, die „Fundamentalpunkte" der Abbildung, auf deren Kenntnis die ganze Geometrie auf der F_3', und damit auch die der c_4' beruht.

Verwendet man statt der z nichthomogene Koordinaten x, y, indem man etwa setzt:

$$(7)\qquad x = z_i / z_l, \quad y = z_k / z_l,$$

so erkennt man unmittelbar die Richtigkeit des Satzes: „Die (nichthomogenen) Koordinaten der sechs Fundamentalpunkte sind siebente komplexe Einheitswurzeln." In der Tat, schreibt man zur Abkürzung:

$$(8)\qquad [\lambda] = e^{\lambda\frac{2i\pi}{7}} \quad (\lambda = \pm 1, \pm 2, \pm 3,$$

so gilt für irgend einen der sechs Fundamentalpunkte (x, y):

$$(\mathrm{III})\qquad y = [\lambda],\quad x = [3\lambda].$$

Faßt man je zwei konjugiert-komplexe Fundamentalpunkte A_r, $\bar{A}_r$ $(r = 1, 2, 3)$ zusammen, so hat man die Tabelle:

$$(\mathrm{III}')\quad \begin{cases} x_1 = [3], & y_1 = [1]; & \bar{x}_1 = [-3], & \bar{y}_1 = [-1]; \\ x_2 = [-1], & y_2 = [2]; & \bar{x}_2 = [1], & \bar{y}_2 = [-2]; \\ x_3 = [2], & y_3 = [3]; & \bar{x}_3 = [-2], & \bar{y}_3 = [-3]; \end{cases}$$

so daß von diesen 12 Koordinaten sechsmal zwei gemeinsame Werte besitzen.

4. Verbindet man je zwei konjugiert-komplexe Fundamentalpunkte A_r, $\bar{A}_r$ durch eine Gerade c_r, so sind diese drei reellen Geraden die Bilder der drei reellen Geraden auf der F_3'. Es empfiehlt sich daher, diese drei Geraden c_r $(r = 1, 2, 3)$ als die Seiten eines natürlichen Koordinatendreiecks Δ in der Ebene Z zu Grunde zu legen. Setzt man zur Abkürzung:

$$(9)\quad \sigma_1 = \sin\frac{2\pi}{7},\quad \gamma = 2\cos\frac{2\pi}{7},\quad \sigma_2 = \sin\frac{4\pi}{7},\quad \sigma_3 = \sin\frac{6\pi}{7},$$

wo σ_1 und σ_2 den Faktor σ_1 enthalten, so liefert eine einfache Rechnung die Gleichung der drei Geraden c zunächst in der zyklischen Gestalt:

$$(\mathrm{IV})\qquad \begin{cases} c_1 \equiv \quad z_i\sigma_1 + z_l\sigma_2 - z_k\sigma_3 = 0, \\ c_2 \equiv \quad z_i\sigma_2 - z_l\sigma_3 + z_k\sigma_1 = 0, \\ c_3 \equiv - z_i\sigma_3 + z_l\sigma_1 + z_k\sigma_2 = 0, \end{cases}$$

wo sich jeweils der Faktor σ_1 herausheben läßt.

Man wird daher für weitere Untersuchungen statt der z die c als neue homogene Punktkoordinaten in der Ebene Z einführen. Durch Umkehrung von (IV) ergibt sich zuvörderst:

$$(\mathrm{IV}')\qquad \begin{cases} z_i = c_1 S_1 + c_2 S_2 + c_3 D_3, \\ z_l = c_1 S_2 + c_2 D_3 + c_3 S_1, \\ z_k = c_1 D_3 + c_2 S_1 + c_3 S_2, \end{cases}$$

wo unter S_1, S_2, D_3 die aus den σ-Größen (9) gebildeten Verbindungen zu verstehen sind:

$$(10)\qquad S_1 = \sigma_1^2 + \sigma_2\sigma_3, \quad S_2 = \sigma_2^2 + \sigma_1\sigma_3, \quad D_3 = \sigma_3^2 - \sigma_1\sigma_2,$$

die den gemeinsamen Faktor σ_1^2 besitzen, der also aus (IV′) herausgeht.

Ersichtlich empfiehlt es sich, in (IV) und (IV′) eine symmetrische Verbindung konjugiert-komplexer (siebenter) Einheitswurzeln als Grundelement einzuführen, am einfachsten die Größe $\gamma = e^{\frac{2i\pi}{7}} + e^{\frac{-2i\pi}{7}} = 2\cos\frac{2\pi}{7}$. Hierbei ist zu beachten, daß γ der kubischen Gleichung genügt

$$(11)\qquad \gamma^3 + \gamma^2 - 2\gamma - 1 = 0,$$

sodaß γ in (IV) und (IV′) nur bis zum zweiten Grade aufzutreten braucht.

Man erhält ohne Schwierigkeit die neuen Darstellungen:

$$(\mathrm{IV}_\gamma)\qquad \begin{cases} c_1 \equiv z_i + z_l\gamma + z_k(1-\gamma^2) = 0, \\ c_2 \equiv z_i\gamma + z_l(1-\gamma^2) + z_k = 0, \\ c_3 \equiv z_i(1-\gamma^2) + z_l + z_k\gamma = 0; \end{cases}$$

$$(\mathrm{IV}'_\gamma)\qquad \begin{cases} z_i = c_1(-\gamma^2+\gamma+2) + c^2(2\gamma^2-1) + c_3\gamma(\gamma-2), \\ z_l = c_1(2\gamma^2-1) + c_2\gamma(\gamma-2) + c_3(-\gamma^2+\gamma+2), \\ z_k = c_1\gamma(\gamma-2) + c_2(-\gamma^2+\gamma+2) + c_3(2\gamma^2-1). \end{cases}$$

Ist man so im Besitze der Koordinaten der sechs Fundamentalpunkte, sowie der Beziehungen (IV_γ) und (IV'_γ), so lassen sich mittels der Methode, die ich neuerdings[1]) entwickelt habe, nicht nur die Gleichungen der 27 Geraden der F'_3, sowie ihrer 45 Tritangentialebenen, sondern auch die der 28 Doppeltangenten der c'_4 explizite hinschreiben:

„Die Koeffizienten aller dieser Gleichungen sind ganzrational in einer siebenten komplexen Einheitswurzel".

5. An die Darstellungen (IV_γ) und (IV'_γ) mögen sich noch einige weitere Bemerkungen anknüpfen.

Man bilde das Produkt π_c der drei Linearformen $c_1(z)$, $c_2(z)$, $c_3(z)$ in (IV_γ), so erhält man zunächst:

$$(12)\qquad \pi_c \equiv u\{z_i^3 + \cdots - z_k^2 z_l - \cdots\} + v\{z_k^2 z_l + \cdots + z_k z_l^2 + \cdots + z_i z_k z_l\},$$

---

[1]) Jahresbericht der deutschen Math.-V. 37 (1928), p. 74.

wo u und v die Werte haben:

(13) $$u = -\gamma^{0} + \gamma \equiv \gamma^{0} - \gamma + 1, \quad v = \quad u.$$

Somit liefert (12) für die Gleichung $\pi_c = 0$, d. i. die Gleichung, der die drei reellen Geraden der F_3 ausschneidenden Tritangentialebene T_3':

(12′) $$T_3' \equiv z_i^3 + \cdots - 2(z_k^2 z_l + \cdots) - (z_k z_l^2 + \cdots) - z_i z_k z_l = 0,$$

oder auch, mit Rücksicht auf (I) und (II):

(V) $$T_3' \equiv x_m - \sum_i^l x_i \equiv x_m - A' = 0.$$

Daraus folgt als Gleichung des Inbegriffes der drei entsprechenden reellen Doppeltangenten $t_2^{(1)}$, $t_2^{(2)}$, $t_2^{(3)}$ der c_4':

(13) $$t_2^{(1)} t_2^{(2)} t_2^{(3)} \equiv A'^3 + 2A'B' + C' = 0.$$

Die vierte reelle (stets isolierte) Doppeltangente t_2 der c_4' ist die Spur der Tangentialebene der F_3' im Punkte A_m, hat also zur Gleichung:

(14) $$t_2 \equiv A' = 0.$$

Damit nimmt die Gleichung der c_4' die kanonische Gestalt an:

(VI) $$c_4' \equiv t_2 t_2^{(1)} t_2^{(2)} t_2^{(3)} - (A'^2 + B)^2 = 0,$$

wo $A'^2 + B' = 0$ den durch die acht Berührungspunkte der vier Doppltangenten gehenden Kegelschnitt darstellt.

6. Führt man die rechte Seite von (13) aus, so kommt, bei zyklischem Fortschreiten der Indizes i, k, l:

(12′) $$t_2^{(1)} t_2^{(2)} t_2^{(3)} \equiv (x_i^3 + \cdots) + 6(x_k^2 x_l + \cdots) + 5(x_k x_l^2 + \cdots) + 13 x_i x_k x_l = 0.$$

Es mögen zunächst die Ecken dieses Doppeltangentendreiecks ermittelt werden; diese sind die Basispunkte des Polarennetzes von (12′).

Schreibt man wiederum nichthomogen $\xi = x_i / x_l$, $\eta = x_k / x_l$, so ergibt sich nach Elimination von ξ resp. η aus den Polarengleichungen, daß die Koordinaten η resp. ξ der fraglichen Ecken die Wurzeln der beiden kubischen Gleichungen sind:

$$\begin{cases} R_\eta \equiv \eta^3 - 3\eta^2 - 4\eta - 1 = 0, & (14_\eta) \\ R_\xi \equiv \xi^3 + 4\xi^2 + 3\xi - 1 = 0. & (14_\xi) \end{cases}$$

Das sind aber zwei zueinander reziproke Gleichungen. Bezeichnet man die Ecken mit (a), (b), (c), so darf man zyklisch setzen:

(15) $$\xi_a \eta_b = \xi_b \eta_c = \xi_c \eta_a = 1.$$

Man beachte noch, daß vermöge der Substitution:

(16) $$\eta = \sigma + 1$$

die Gleichung (14_η) die reduzierte Gestalt annimmt:

(17) $$\sigma^3 - 7\sigma - 7 = 0.$$

Andererseits bestimmen wir auch die Linienkoordinaten der drei Doppeltangenten. Man denke sich bereits die rechte Seite von (12') in drei, jetzt lieber mit d_a, d_b, d_c bezeichnete Linearfaktoren zerlegt:

(18) $$d_a d_b d_c \equiv (a_i x_i + a_k x_k + x_l)(b_i x_i + b_k x_k + x_l)(c_i x_i + c_k x_k + x_l).$$

Führt man die Multiplikation rechterhand aus, und vergleicht mit der rechten Seite von (12'), so ergibt sich, daß die Linienkoordinaten a_i, b_i, c_i resp. a_k, b_k, c_k die Wurzeln der beiden wiederum zueinander reziproken kubischen Gleichungen sind:

(19_i) $$\left\{\begin{array}{l} \varrho_i^3 - 6\varrho_i^2 + 5\varrho_i - 1 = 0, \\ \varrho_k^3 - 5\varrho_k^2 + 6\varrho_k - 1 = 0, \end{array}\right.$$
(19_k)

sodaß man setzen darf:

(20) $$a_i b_k = a_k b_l = a_l b_i = 1.$$

Man beachte, daß vermöge der Substitution:

(21) $$\varrho_i = \sigma + 2$$

die Gleichung (19_i) die nämliche reduzierte Gestalt (17) annimmt, wie oben (14_η).

Zum Schlusse sei bemerkt, daß das Auftreten der siebenten Einheitswurzeln in der c'_4 auf gruppentheoretischem Wege schon früher erkannt worden ist (s. Fricke, l. c.).

Dagegen scheint der innere, analytische wie geometrische Grund dieses Zusammenhanges, auf den ich noch weiterhin zurückzukommen gedenke, erst durch die obigen Entwickelungen an den Tag gefördert zu sein.

Königsberg i. Pr. Anfang Mai 1928.

Zur Differentiation uneigentlicher Integrale nach einem Parameter.

Von **Hermann Schmidt** in Jena.

Vorgelegt von O. Perron in der Sitzung am 9. Juni 1928.

Unter bekannten Voraussetzungen über die reellen Funktionen $f(t,x)$ und $t_0(x)$ ist das Integral $F(x)=\int\limits_a^{t_0(x)} f(t,x)\,dt$ nach x differenzierbar und es gilt für die Ableitung

$$F'(x)=\int\limits_a^{t_0(x)} \frac{\partial f(t,x)}{\partial x}\,dt+f(t_0(x),x)\,\frac{dt_0(x)}{dx}\,.$$

Diese Formel wird sinnlos, wenn $F(x)$ ein uneigentliches Integral ist, bei dem $f(t,x)$ für $t\to t_0(x)$ nicht beschränkt bleibt. Im folgenden soll für einen ziemlich allgemeinen Fall dieser Art ebenfalls eine Differentiationsformel entwickelt werden, und zwar ohne vorherige Umtransformation der Grenzen in feste, sodaß der Hauptbestandteil wieder ein konvergentes Integral der ersten Form mit den gleichen Grenzen ist. Ein auch funktionentheoretisch interessantes Beispiel soll schließlich die praktische Brauchbarkeit des Ergebnisses erläutern.

Es seien $\varphi(t,x)$ und $\psi(t,x)$ im abgeschlossenen Bereich B

$$\alpha\leqq x\leqq\beta$$
$$a\leqq t\leqq t_0(x)$$

stetig und mit stetigen ersten partiellen Ableitungen versehen, von denen $\psi'_t(t,x)$ in B von Null verschieden sei. Ferner sei $\psi(t_0(x),x)=0$, dagegen $\psi(t,x)>0$ für $a<t<t_0(x)$[1]) und

[1]) Hierin liegt, daß $t_0(x)\neq a$ für alle x.

$$\int_a^{t_0(x)} \frac{dt}{(\psi(t, x))^\mu} \quad \text{in } \alpha \leqq x \leqq \beta$$

gleichmäßig konvergent, unter μ eine in $0 < \mu < 1$ gelegene Konstante verstanden. Endlich soll noch eine in B stetige Ableitung

$$\frac{\partial}{\partial t} \frac{\psi'_x(t, x)}{\psi'_t(t, x)}$$

vorhanden sein. Dann gilt für

$$F(x) = \int_a^{t_0(x)} \frac{\varphi(t, x)\, dt}{(\psi(t, x))^\mu}$$

die Formel

$$(1) \quad F'(x) = \int_a^{t_0(x)} \frac{1}{(\psi(t, x))^\mu} \left\{ \varphi'_x(t, x) - \frac{\partial}{\partial t} \frac{\varphi(t, x)\, \psi'_x(t, x)}{\psi'_t(t, x)} \right\} dt$$

$$- \frac{\varphi(a, x)}{(\psi(a, x))^\mu} \cdot \frac{\psi'_x(a, x)}{\psi'_t(a, x)}.$$

Zum Beweis werde zunächst festgestellt, daß $F(x)$ existiert. Wegen der Stetigkeit von $\varphi(t, x)$ in B ist nämlich dort $|\varphi(t, x)| \leqq M$, also, sobald die positive Zahl δ klein genug und $0 < \delta' < \delta$ ist,

$$(2) \quad \left| \int_{t_0(x) - \delta}^{t_0(x) - \delta'} \frac{\varphi(t, x)}{(\psi(t, x))^\mu}\, dt \right| \leqq M \int_{t_0(x) - \delta}^{t_0(x) - \delta'} \frac{dt}{(\psi(t, x))^\mu} < \varepsilon$$

wegen Annahme über

$$\int_a^{t_0(x)} \frac{dt}{(\psi(t, x))^\mu}.$$

Bedeutet nun σ eine beliebige Zahl des Intervalls

$$0 < \sigma < \text{Min.}\, (t_0(x) - a),$$

so setzen wir

$$F_\sigma(x) = \int_a^{t_0(x) - \sigma} \frac{\varphi(t, x)}{(\psi(t, x))^\mu}\, dt. \quad \text{In } \begin{matrix} \alpha \leqq x \leqq \beta \\ a \leqq t \leqq t_0(x) - \sigma \end{matrix}$$

sind die Voraussetzungen für die Anwendbarkeit der bekannten

Differentiationsregel erfüllt und man hat daher

$$(3)\quad F'_\sigma(x) = \int\limits_a^{t_0(x)-\sigma} \frac{\partial}{\partial x} \frac{\varphi(t,x)}{(\psi(t,x))^\mu}\, dt + \frac{\varphi(t_0-\sigma,x)}{(\psi(t_0-\sigma,x))^\mu} \frac{d}{dx}(t_0-\sigma).$$

Nach den Annahmen über $\psi(t,x)$ ist aber

$$\frac{d(t_0-\sigma)}{dx} = \frac{d t_0(x)}{dx} = -\frac{\psi'_x(t_0,x)}{\psi'_t(t_0,x)},$$

sonach

$$(4)\quad F'_\sigma(x) = \int\limits_a^{t_0(x)-\sigma} \frac{\varphi'_x(t,x)\,dt}{(\psi(t,x))^\mu} + \int\limits_a^{t_0(x)-\sigma} \frac{\varphi(t,x)}{\psi'_t(t,x)} \cdot \frac{-\mu\,\psi'_x(t,x)}{(\psi(t,x))^{\mu+1}} \cdot \psi'_t(t,x)\,dt$$
$$- \frac{\varphi(t_0-\sigma,x)}{(\psi(t_0-\sigma,x))^\mu} \cdot \frac{\psi'_x(t_0,x)}{\psi'_t(t_0,x)}.$$

Für das mittlere Glied kann geschrieben werden

$$\int\limits_a^{t_0(x)-\sigma} \frac{\varphi(t,x)\,\psi'_x(t,x)}{\psi'_t(t,x)} \frac{\partial}{\partial t} \frac{1}{(\psi(t,x))^\mu}\, dt.$$

Jetzt ergibt partielle Integration aus (4)

$$F'_\sigma(x) =$$
$$(5)\quad \int\limits_a^{t_0(x)-\sigma} \frac{1}{\psi(t,x)^\mu} \left\{ \varphi'_x(t,x) - \frac{\partial}{\partial t} \frac{\varphi(t,x)\,\psi'_x(t,x)}{\psi'_t(t,x)} \right\} dt - \frac{\varphi(a,x)}{(\psi(a,x))^\mu} \cdot \frac{\psi'_x(a,x)}{\psi'_t(a,x)}$$
$$- \sigma \frac{\varphi(t_0-\sigma,x)}{(\psi(t_0-\sigma,x))^\mu} \cdot \frac{-1}{\sigma} \left\{ \frac{\psi'_x(t_0-\sigma,x)}{\psi'_t(t_0-\sigma,x)} - \frac{\psi'_x(t_0,x)}{\psi'_t(t_0,x)} \right\}.$$

Das letzte Glied ist nach dem Mittelwertssatz (mit Berücksichtigung von $\psi(t_0,x) = 0$)

$$(6)\qquad -\sigma^{1-\mu} \frac{\varphi(t_0-\sigma,x)}{|\psi'_t(t_0-\sigma_1,x)|^\mu} \cdot \left(\frac{\partial}{\partial t} \frac{\psi'_x(t,x)}{\psi'_t(t,x)} \right)_{t=t_1}$$
$$0 < \sigma_1 < \sigma; \quad t_0 - \sigma < t_1 < t_0.$$

Wegen der Stetigkeit gilt nun in ganz B

$$|\varphi(t,x)| \leq M; \quad \left| \frac{\partial}{\partial t} \frac{\psi'_x(t,x)}{\psi'_t(t,x)} \right| \leq M'$$

und wegen

$$\psi'_t(t,x) \neq 0 \text{ in B auch } |\psi'_t(t,x)| > m > 0.$$

Der Betrag von (6) ist daher

$$\leqq \sigma^{1-\mu} \frac{M M'}{m^\mu},$$

und geht daher gleichmäßig gegen Null, wenn wir nunmehr σ gegen Null konvergieren lassen.

Endlich ist nach den Voraussetzungen die erste Klammer in (5) in B stetig, also absolut integrierbar und beschränkt. Das Integral konvergiert daher für $\sigma \to 0$, wie man analog zu (2) beweist, und zwar gleichmäßig, da

$$\left| \int_a^{t_0(x)} - \int_a^{t_0(x)-\sigma} \right| \leqq N \int_{t_0(x)-\sigma}^{t_0(x)} \frac{dt}{(\psi(t, x))^\mu} < \varepsilon$$

gleichmäßig in $\alpha \leqq x \leqq \beta$ nach Annahme über $\psi(t, x)$.

Also ist insgesamt in $\alpha \leqq x \leqq \beta$ gleichmäßig

$$\lim_{\sigma \to 0} F'_\sigma(x) = \int_a^{t_0(x)} \frac{1}{(\psi(t, x))^\mu} \left(\varphi'_x(t, x) - \frac{\partial}{\partial t} \frac{\varphi(t, x)\, \psi'_x(t, x)}{\psi'_t(t, x)} \right) dt$$

$$- \frac{\varphi(a, x)}{(\psi(a, x))^\mu} \frac{\psi'_x(a, x)}{\psi'_t(a, x)} = \Phi(x).$$

Aus $F_\sigma(x) \to F(x)$ und $F'_\sigma(x) \Rightarrow \Phi(x)$ [1]) folgt aber nach einem bekannten (gewöhnlich für die gliedweise Differentiation unendlicher Reihen formulierten) Satze, daß $F'(x) = \Phi(x)$, wie in (1) behauptet.

Als **Beispiel** werde angenommen

$$\varphi(t, x) = t^l \ (l \geqq 0, \text{ ganz}); \quad \psi(t, x) = t^n - n x t + n - 1$$
$$(n > 2, \text{ ganz}).$$

Nehmen wir

$$\alpha = \frac{1}{n}\left((1-\delta)^{n-1} + \frac{n-1}{1-\delta}\right) \leqq x \leqq \frac{1}{n}\left(\delta^{n-1} + \frac{n-1}{\delta}\right) = \beta$$

mit $0 < \delta < \frac{1}{2}$, so entspricht jedem x genau eine Wurzel $t_0(x)$ von $\psi(t, x) = 0$ in $1 - \delta \geqq t_0(x) \geqq \delta$; $\quad x = \frac{1}{n}\left(t^{n-1} + \frac{n-1}{t}\right)$

---

[1]) Bezeichnung $\Rightarrow$ für gleichmäßige Konvergenz wie Hoheisel, Gew. Diff. Gl. 1926, S. 27.

fällt nämlich monoton, wenn t wachsend das Intervall $0 < t < 1$ durchläuft. Jetzt betrachten wir die Funktion

$$\Phi_l(x) = \int_0^{t_0(x)} \frac{t^l\,dt}{(\psi(t, x))^\mu} \quad : \quad \mathrm{B}: \begin{array}{l} \alpha \leq x \leq \beta \\ 0 \leq t \leq t_0(x) \,. \end{array}$$

(Für $n = 2$; $\mu = \frac{1}{2}$ ist $\Phi_l(x) = Q_l(x)$ die l-te Legendresche Funktion 2. Art in der gewöhnlichen Bezeichnung; für beliebiges $\begin{cases} n \\ \mu \end{cases}$ handelt es sich um eine durch die allgemeine hypozykloidische Abbildung nahegelegte Verallgemeinerung derselben.)

Man hat

$$\psi'_t(t, x) = n\,(t^{n-1} - x) \neq 0,$$

also

$$\psi(t, x) = (t - t_0(x))\,\psi_1(t, x),$$

wo $\psi_1(t, x)$ in B nicht Null ist.

Daher ist $|\psi_1(t, x)| \geq m > 0$ in B und

$$\int_{t_0(x)-\sigma}^{t_0(x)} \frac{dt}{(\psi(t, x))^\mu} \leq \frac{1}{m^\mu} \int_{t_0(x)-\sigma}^{t_0(x)} \frac{dt}{(t_0(x) - t)^\mu} = \frac{1}{m^\mu}\,\frac{\sigma^{1-\mu}}{1-\mu} \to 0.^{1)}$$

Die Voraussetzung der gleichmäßigen Konvergenz von

$$\int_0^{t_0(x)} \frac{dt}{[\psi(t, x)]^\mu}$$

ist also erfüllt und noch leichter beweist man die Gültigkeit der übrigen Voraussetzungen.

Folglich ist

$$\Phi'_l(x) = \int_0^{t_0(x)} \frac{1}{(\psi(t, x))^\mu}\,\frac{\partial}{\partial t}\,\frac{t^{l+1}}{t^{n-1} - x}\,dt,$$

da die beiden anderen Glieder der Hauptformel wegfallen.

Hieraus entnimmt man leicht

$$(1) \qquad \Phi'_{l+n-1}(x) - x\,\Phi'_l(x) = \int_0^{t_0(x)} \frac{1}{(\psi(t, x))^\mu}\,\frac{\partial}{\partial t}\,(t^{l+1})\,dt$$

$$= (l+1)\,\Phi_l(x),$$

---

[1]) Siehe Anmerkung auf Seite 154.

sowie

$$(2) \qquad \Phi'_{l+n}(x) - n x \, \Phi'_{l+1}(x) + (n-1)\, \Phi'_l(x)$$

$$= n \int_0^{t_0(x)} \frac{1}{(\psi(t,x))^\mu} \cdot \frac{\partial}{\partial t} \frac{t^{l+1}\, \psi(t,x)}{\psi'_t(t,x)} \, dt$$

$$= \frac{n\,(\psi(t,x))^{1-\mu}\, t^{l+1}}{\psi'_t(t,x)} \Bigg|_0^{t_0(x)} + n\mu \int_0^{t_0(x)} \frac{t^{l+1}\, dt}{(\psi(t,x))^\mu} = n\mu \, \Phi_{l+1}(x).$$

(1) (2) bleiben übrigens auch im Komplexen richtig, wenn man die Wurzel $t_0(x)$ und den Integrationsweg passend wählt.

Aus (1) (2) lassen sich die für die Funktionen $\Phi_l(x)$ gültigen linearen Differentialgleichungen vom Fuchs'schen Typus gewinnen. Für $n = 3$, $\mu = \frac{1}{2}$ finden sich die beiden Relationen in wenig anderer Bezeichnung bei Pincherle, Memorie Ist. di Bologna (5) 1, 1890, S. 367. Indessen ist dort die unserer Gleichung (1) entsprechende Beziehung (54) (und daher (55)) unrichtig. In der Tat gibt Pincherle auch keinen Beweis, sondern bezieht sich mit den Worten „in ganz analoger Weise findet man" auf eine frühere Entwicklung, die hier wegen der Uneigentlichkeit des Integrals nicht anwendbar ist. Sonach braucht auch die Differentialgleichung (58) a. a. O. nicht richtig zu sein.

Über eine Klasse irreduzibler Gleichungen.

Von **Hermann Schmidt** in Jena.

Vorgelegt von O. Perron in der Sitzung am 9. Juni 1928.

Satz: Es seien $f(x)$, $\varphi(x)$ Polynome von den Graden m, n mit Koeffizienten aus einem vollkommenen Körper $\mathfrak{k}$; beide seien in $\mathfrak{k}$ irreduzibel. In einem und demselben Erweiterungskörper habe $f(x) = 0$ die Wurzeln $x_1, x_2 \ldots x_m$ und $\varphi(x) = 0$ die Wurzeln $y_1, y_2 \ldots y_n$. Der Durchschnitt $\mathfrak{d} = (\mathfrak{k}_1, \mathfrak{k}_2)$ der beiden Wurzelkörper

$$\mathfrak{k}_1 = \mathfrak{K}(\mathfrak{k}, x_1, x_2, \ldots x_m) \text{ und } \mathfrak{k}_2 = \mathfrak{K}(\mathfrak{k}, y_1, y_2 \ldots y_n)$$

sei mit $\mathfrak{k}$ identisch und die Produkte

$$u_{\mu\nu} = x_\mu y_\nu \begin{Bmatrix} \mu = 1, 2, \ldots m \\ \nu = 1, 2, \ldots n \end{Bmatrix}$$

sämtlich voneinander verschieden. Dann ist das Polynom $\psi(x) = \prod\limits_{\mu,\nu} (x - u_{\mu\nu})$ in $\mathfrak{k}$ irreduzibel.

Beweis: Man hat

$$\psi(x) = \prod_{\mu=1}^{m} \psi_\mu(x), \quad \text{wo } \psi_\mu(x) = \prod_{\nu=1}^{n} (x - x_\mu y_\nu).$$

$\psi_\mu(x)$ hat offenbar Koeffizienten aus $\mathfrak{K}(\mathfrak{k}, x_\mu)$ und entsprechend $\psi(x)$ solche aus $\mathfrak{k}$. Sei $\mathfrak{G}$ die Gruppe von $\psi(x) = 0$ in $\mathfrak{k}$ und

$$\omega(u_{11}\, u_{12}, \ldots u_{1n};\ u_{21}, \ldots u_{2n};\ \ldots u_{m1}, u_{m2}, \ldots u_{mn}) = 0$$

eine Relation zwischen den Wurzeln von $\psi(x) = 0$ mit Koeffizienten aus $\mathfrak{k}$.

Schreibt man sie in der Form

$$\omega(x_1 y_1, \ldots x_1 y_n;\ x_2 y_1, \ldots x_2 y_n;\ \ldots x_m y_1, \ldots x_m y_n)$$
$$= \Omega(x_1, x_2, \ldots x_m) = 0,$$

so hat Ω Koeffizienten aus $\mathfrak{k}_2$. Nun reduziert sich wegen $(\mathfrak{k}_1, \mathfrak{k}_2) = \mathfrak{k}$ die Gruppe $\mathfrak{G}_1$ von $f(x) = 0$ in $\mathfrak{k}$ bei Adjunktion von $\mathfrak{k}_2$ nicht[1]); daher bleibt $\Omega = 0$ richtig bei allen in $\mathfrak{G}_1$ enthaltenen Substitutionen der x_μ. Wegen der Irreduzibilität von $f(x)$ gibt es aber, wenn k eine beliebige der Zahlen $1, 2, \ldots m$ bedeutet, in $\mathfrak{G}_1$ sicher eine Substitution S_k der Gestalt

$$S_k = \begin{pmatrix} x_1 & x_2 & \ldots & x_m \\ x_{i_{1,k}} & x_{i_{2,k}} & \ldots & x_{i_{m,k}} \end{pmatrix} \quad \text{mit } i_{1,k} = k.$$

Daher bleibt $\omega = 0$ richtig bei den Substitutionen

$$U_k = \begin{pmatrix} u_{\mu\nu} \\ u_{i_{\mu,k}\nu} \end{pmatrix} = \begin{pmatrix} x_\mu & y_\nu \\ x_{i_{\mu,k}} & y_\nu \end{pmatrix},$$

die somit $\mathfrak{G}$ angehören.

Ebenso muß es in der Gruppe $\mathfrak{G}_2$ von $\varphi(x) = 0$ zu jedem l aus der Reihe $1, 2, 3, \ldots n$ eine Substitution T_l geben

$$T_l = \begin{pmatrix} y_\nu \\ y_{j_{\nu,l}} \end{pmatrix} \quad \text{mit } j_{1,l} = l,$$

sodaß in $\mathfrak{G}$

$$V_l = \begin{pmatrix} u_{\mu\nu} \\ u_{\mu j_{\nu,l}} \end{pmatrix} = \begin{pmatrix} x_\mu y_\nu \\ x_\mu y_{j_{\nu,l}} \end{pmatrix}$$

vorkommt.

Deshalb gehören zu $\mathfrak{G}$ auch die mn Substitutionen der $u_{\mu\nu}$

$$U_k V_l = \begin{pmatrix} u_{\mu\nu} \\ u_{i_{\mu,k}\nu} \end{pmatrix} \begin{pmatrix} u_{i_{\mu,k}\nu} \\ u_{i_{\mu,k} j_{\nu,l}} \end{pmatrix} = \begin{pmatrix} u_{\mu\nu} \\ u_{i_{\mu,k} j_{\nu,l}} \end{pmatrix}.$$

Diese sind sämtlich voneinander verschieden, da u_{11} in die mn nach Annahme verschiedenen Elemente $u_{i_{1,k} j_{1,l}} = u_{kl}$ übergeführt wird. Daher ist $\mathfrak{G}$ transitiv und also $\psi(x)$ irreduzibel, w. z. b. w.

Allgemeiner seien $f_\varrho(x) = 0$ $(\varrho = 1, 2, \ldots r)$ r in $\mathfrak{k}$ irreduzible Gleichungen von den Graden n_ϱ mit den Wurzelsystemen $x_{\varrho\nu}$ $(\nu = 1, 2, \ldots n_\varrho)$, die wieder in einem gemeinsamen Erweiterungskörper liegen sollen, ferner $u_{\nu_1\nu_2\ldots\nu_r} = x_{1\nu_1} x_{2\nu_2} \ldots x_{r\nu_r}$ und $u_{\nu_1\nu_2\ldots\nu_r} - u_{\varkappa_1\varkappa_2\ldots\varkappa_r} \neq 0$ für $\sum_1^r \varrho\,(\nu_\varrho - \varkappa_\varrho)^2 \neq 0$.

Wir setzen

$$F_\sigma(x) = \prod_{\nu_1\ldots\nu_\sigma} (x - x_{1\nu_1} x_{2\nu_2} \ldots x_{\sigma\nu_\sigma})$$
$$(\sigma = 1, 2, \ldots r;\; F_1(x) = f_1(x)).$$

[1]) Vgl. etwa Hasse, Höhere Algebra II 1927, S. 126, 3.)

Sei ferner

$$\mathfrak{k}_\varrho = \text{Wurzelkörper von } f_\varrho(x) = 0 \text{ über } \mathfrak{k}$$
$$\mathfrak{K}_\sigma = \quad " \quad " \; F_\sigma(x) = 0 \;\; " \;\; \mathfrak{k}. \; (\mathfrak{K}_1 = \mathfrak{k}_1).$$

Wenn dann $(\mathfrak{K}_1, \mathfrak{k}_2) = (\mathfrak{K}_2, \mathfrak{k}_3) = \ldots (\mathfrak{K}_{r-1}, \mathfrak{k}_r) = \mathfrak{k}$, dann ist $F_r(x)$ irreduzibel in $\mathfrak{k}$.

Das ergibt sich leicht durch sukzessive Anwendung obiger Schlußweise auf die Polynompaare

$$(F_1, f_2);\; (F_2, f_3);\; \ldots (F_{r-1}, f_r),$$

wobei zu beachten ist, daß auch $u_{\nu_1\nu_2\ldots\nu_\sigma} - u_{\varkappa_1\varkappa_2\ldots\varkappa_\sigma} \neq 0$ für $\sum_1^\sigma \varrho\, (\nu_\varrho - \varkappa_\varrho)^2 \neq 0$, da andernfalls auch eine Beziehung

$$u_{\nu_1\nu_2\ldots\nu_\sigma\nu_{\sigma+1}\ldots\nu_r} - u_{\varkappa_1\varkappa_2\ldots\varkappa_\sigma\varkappa_{\sigma+1}\ldots\varkappa_r} = 0$$

mit

$$\sum_1^r \varrho\, (\nu_\varrho - \varkappa_\varrho)^2 \neq 0$$

gälte, wie sie nach Voraussetzung unmöglich ist; man bräuchte ja nur $\nu_{\sigma+1} = \ldots \nu_r = \varkappa_{\sigma+1} = \ldots \varkappa_r = 1$ zu setzen.

Im Falle $\mathfrak{k} = \mathfrak{K}(1)$ sei auf die Verwandtschaft des obigen Satzes mit Satz 87 des Hilbertschen Zahlberichts hingewiesen (aus der Annahme $(d_1, d_2) = 1$ für die Diskriminanten von k_1, k_2 folgt nach Satz 86, 39, 44 a. a. O. $(k_1, k_2) = \mathfrak{K}(1)$, also unsere Voraussetzung). Indessen braucht bei uns weder n_ϱ der Grad von $\mathfrak{k}_\varrho$, noch $\mathfrak{K}_r$ mit $\mathfrak{K}(\mathfrak{k}, \mathfrak{k}_1, \mathfrak{k}_2, \ldots \mathfrak{k}_r)$ identisch zu sein. Andererseits sind dort k_1, k_2 nicht notwendig Galoissche Körper. Ist aber z. B. $f_\varrho(x) = 0$ die Gleichung für die primitiven $p_\varrho^{a_\varrho}$-ten Einheitswurzeln ($p_1, p_2, \ldots p_r$ verschiedene Primzahlen), so sind die Voraussetzungen beider Sätze erfüllt, wie man aus der Kenntnis der Körper $\mathfrak{k}_\varrho$ und ihrer Diskriminanten leicht entnimmt, und hieraus folgt sodann die Irreduzibilität der Kreisteilungsgleichung für zusammengesetztes *n*.

Über Kreispunkte und Netze von Krümmungslinien.

Von **Jos. E. Hofmann.**

Mit 6 Textfiguren.

Vorgelegt von W. v. Dyck in der Sitzung am 7. Juli 1928.

Seitdem Monge[1]) in einer berühmten Abhandlung die Krümmungslinien des Ellipsoids ermittelte, sind die Netze von Krümmungslinien und ihre singulären Stellen, die Kreispunkte, Gegenstand einer Fülle tiefgehender Einzeluntersuchungen geworden. Diese beziehen sich einerseits auf Flächenfamilien besonders einfacher Krümmungslinien, worunter die Zykliden eine hervorragende Stellung einnehmen; andererseits auf differentialgeometrische Untersuchungen im Zusammenhang mit dreifach orthogonalen Flächenscharen; schließlich auf die gestaltliche Diskussion der Krümmungslinien in der Umgebung isolierter Kreispunkte.

Recht wenig weiß man indes von Eigenschaften der Netze von Krümmungslinien im Großen. Blaschke[2]) hat jüngst wieder darauf hingewiesen, daß sich die Krümmungslinien einer Fläche ohne parabolische Kreispunkte durch Übergang zum sphärischen Bild und nachfolgende stereographische Projektion desselben eindeutig beziehen lassen auf orthogonale Kurvennetze in der Ebene. An diese Arbeit schließen die folgenden Untersuchungen an.

Es scheint zweckmäßig, von der Differentialgleichung eines passenden in der ganzen Ebene definierten Orthogonalnetzes auszugehen und jene Flächen zu bestimmen, welche dieses Ortho-

---

[1]) G. Monge, Sur les lignes de courbure de la surface de l'ellipsoïde. Journ. de l'École Polytechnique, IIe cah. (1796).

[2]) Blaschke, Nabelpunkte einer Eifläche. Math. Zeitschr. **24** (1926), S. 617—21.

gonalnetz zur „sphärischen Projektion" haben können. Die Diskussion der Flächen selbst macht außerordentliche Mühe; ich sehe nicht, wie sich dieser Nachteil umgehen läßt. Dafür ist die Abbildung der Krümmungslinien auf das Orthogonalnetz in der Ebene sozusagen konform; die gestaltliche Diskussion der Krümmungslinien in der Umgebung eines Kreispunktes ist durchaus gleichwertig mit der gestaltlichen Untersuchung der Integralkurven unseres Orthogonalnetzes in der Umgebung des entsprechenden singulären Punktes. Dieser Umstand führt zu einer allgemeinen Klassifikation der regulären Kreispunkte mittels einer „kennzeichnenden" Näherungsdifferential-Gleichung. Hieran schließt sich die Untersuchung der einfachsten „ausgezeichneten" regulären Kreispunkte, wobei sich einige allgemeinere Sätze über „quadratische" Netze ergeben, d. h. Netze, deren Differential-Gleichung die Veränderlichen u, v in der sphärischen Projektion nur quadratisch enthalten.

§ 1. Sphärische Projektion.

In der Umgebung eines nicht parabolischen Punktes $\mathfrak{P}_0$ mit der bestimmten Tangentialebene τ_0 läßt sich eine analytische Fläche darstellen als Hüllfläche ihrer ∞^2 Tangentialebenen

$$\tau(u, v) \equiv 2ux + 2vy + (u^2 + v^2 - 1)z - f(u, v) = 0.$$

Dabei sind x, y, z kartesische Raumkoordinaten und bestimmt aus

$$1)\qquad x = \tfrac{1}{2} f_u - u\,\frac{uf_u + vf_v - f}{u^2 + v^2 + 1}, \quad y = \tfrac{1}{2} f_v - v\,\frac{uf_u + vf_v - f}{u^2 + v^2 + 1},$$

$$z = \frac{uf_u + vf_v - f}{u^2 + v^2 + 1}$$

(die Indizes bedeuten partielle Ableitungen); dem Flächenpunkt $\mathfrak{P}_0(x, y, z)$ entspricht in dieser „sphärischen Projektion" der Punkt $P(u, v)$ in der u, v-Ebene; $f(u, v)$ ist in Umgebung von $P_0(u_0, v_0)$ in u, v analytisch. Die Differential-Gleichung der Krümmungslinien ist

$$2)\qquad (u^2 + v^2 + 1)(du\, df_v - dv\, df_u) = 0$$

oder nach Abspaltung des Faktors $u^2 + v^2 + 1$

$$(1)\qquad \underline{f_{uv}(du^2 - dv^2) = (f_{uu} - f_{vv})\, du\, dv.}$$

Aus 1) folgt unmittelbar

3) $$dx^2 + dy^2 + dz^2 = (\tfrac{1}{2}\,df_u - z\,du)^2 + (\tfrac{1}{2}\,df_v - z\,dv)^2;$$

ersetzen wir 2) durch

4) $$df_u = \varrho\,du, \quad df_v = \varrho\,dv,$$

wo ϱ Wurzel der Gleichung

5) $$\begin{vmatrix} f_{uu} - \varrho, & f_{uv} \\ f_{vu}, & f_{vv} - \varrho \end{vmatrix} = 0,$$

so zeigt sich folgender wichtiger Zusammenhang: Jede Schar Integralkurven von (1) wird für sich sozusagen konform auf die Fläche übertragen; das Vergrößerungsverhältnis an der Stelle u, v ist $\frac{\varrho}{2} - z$. In den Punkten der Flächenkurven

6) $$\Phi(u, v) \equiv \begin{vmatrix} f_{uu} - 2z, & f_{uv} \\ f_{vu}, & f_{vv} - 2z \end{vmatrix} = 0$$

ist eines dieser Vergrößerungsverhältnisse gleich Null; dort ist also die „Konformität“ der Abbildung zerstört. Wir müssen den Bereich $\mathfrak{B}$ unserer analytischen Fläche, den wir sphärisch projizieren wollen, einschränken durch die Forderung $\Phi(u, v) \neq 0$ in $\mathfrak{B}$. Die Vergrößerungsverhältnisse sind gleich nur in den Punkten $f_{uv} = 0$, $f_{uu} = f_{vv}$ der Fläche; das sind aber genau die Kreispunkte.

Daher ist die Diskussion der **beiden** Scharen Krümmungslinien in der Umgebung eines Kreispunktes gleichwertig mit der gestaltlichen Untersuchung der beiden Scharen Integralkurven von (1) in der Umgebung des entsprechenden singulären Punktes.

Wir wollen nun den Punkt $\mathfrak{P}_0$ zum Ursprung des x, y, z-Systems, τ_0 zur x, y-Ebene und P_0 zum Ursprung des u, v-Systems machen. Dann gilt

7) $$f(u, v) = \sum_{i+k \geqq 2} a_{ik} \frac{u^i v^k}{i!\,k!}$$

(diese Potenzreihe konvergiert nach Wahl eines passenden w für $u^2 + v^2 < w$ absolut). Ist $\mathfrak{P}_0$ Kreispunkt, so folgt $a_{11} = 0$, $a_{20} = a_{02} = 4r \neq 0$ (wegen $\Phi(0, 0) \neq 0$) und r ist dabei der

Radius der die Fläche in $\mathfrak{P}_0$ zu mindestens 2. Ordnung berührenden Kugel. Wir haben also

$$f(u, v) = 2r(u^2 + v^2) + \sum_{i+k \geq 3} a_{ik} \frac{u^i v^k}{i!\, k!}. \tag{2}$$

In den von Blaschke a. a. O. gegebenen Beispielen fehlt der Summand $2r(u^2 + v^2)$; dies hat für die in sphärischer Projektion gezeichneten Bilder keine Bedeutung, erzwingt aber auf der Fläche bei $u = 0$, $v = 0$ einen Knoten. Und das war doch wohl nicht beabsichtigt.

§ 2. Klassifikation und Auflösen algebraisch regulärer Kreispunkte.

Wir kennzeichnen den Kreispunkt $\mathfrak{P}_0$ durch (1). Dabei verschwinden die Funktionen f_{uv} und $f_{uu} - f_{vv}$ für $u = 0$, $v = 0$ und lassen sich durch Potenzreihen nach u, v darstellen, die für $u^2 + v^2 < w$ absolut konvergieren. Besitzen f_{uv} und $f_{uu} - f_{vv}$ einen für $u = 0$, $v = 0$ verschwindenden gemeinsamen Teiler, so heiße $\mathfrak{P}_0$ irregulär, andernfalls regulär. Für reguläre Kreispunkte gibt es unter Umständen eine Zerlegung (analog zum Weierstraßschen Vorbereitungssatz)

$$\begin{aligned} f_{uv}(u, v) &\equiv P(u, v) \cdot E_1(u, v), \\ f_{uu}(u, v) - f_{vv}(u, v) &\equiv Q(u, v) \cdot E_2(u, v), \end{aligned} \tag{3}$$

worin $E_1(u, v)$, $E_2(u, v)$ zwei sich für $u = 0$, $v = 0$ auf 1 reduzierende und für $u^2 + v^2 < w$ reguläre (Einheits-)Funktionen sind, indes $P(u, v)$, $Q(u, v)$ für $u = 0$, $v = 0$ verschwindende, teilerfremde Polynome p^{ten} bzw. q^{ten} Gerades in u, v sind. Alsdann heiße $\mathfrak{P}_0$ ein algebraisch regulärer Kreispunkt, andernfalls ein transzendent regulärer. Wir handeln im folgenden nur von algebraisch regulären Kreispunkten (unter Weglassung des Zusatzes „algebraisch") und bilden die Differential-Gleichung

$$P(u, v) \cdot (du^2 - dv^2) = Q(u, v) \cdot du\, dv. \tag{3a}$$

Wir nennen sie die kennzeichnende Näherungsdifferential-Gleichung des regulären Kreispunktes $\mathfrak{P}_0$. Dieser reguläre Kreispunkt ist stets isoliert; durch Einführung von Polarkoordinaten zeigen wir, daß die Gestalt der Integralkurven von (1) mit der von (3a) qualitativ in hinreichend kleiner Umgebung von $u = 0$, $v = 0$ übereinstimmt, womit unsere obige Bezeichnung sich rechtfertigt.

Gibt es ein Polynom $\bar{\psi}(u, v)$ derart, daß $P(u, v) = \bar{\psi}_{uv}$, $Q(u, v) = \bar{\psi}_{uu} - \bar{\psi}_{vv}$ ist, so muß identisch in u, v gelten

$$P_{uu} - P_{vv} \equiv Q_{uv}.$$

Ist dies erfüllt, so gibt es sicher ein $\bar{\psi}(u, v)$ dieser Eigenschaft. Der Umstand ist bemerkenswert, daß ein solches Polynom $\bar{\psi}$ nicht zu existieren braucht; wohl aber muß es ein homogenes Polynom $\psi(u, v)$ geben derart, daß ψ_{uv} bzw. $\psi_{uu} - \psi_{vv}$ die Glieder niedrigster Ordnung in u, v aus $P(u, v)$, $Q(u, v)$ liefert; also muß $P_{uu} - P_{vv} \equiv Q_{uv}$ für die homogenen Glieder niedrigster Ordnung in u, v aus P, Q gelten. Sind P und Q homogene Polynome gleichen Grades $p = q$ in u, v, so heiße ein gemeiner Kreispunkt p^{ter} Ordnung; der Verlauf der Integralkurven in seiner Umgebung ist stets angebbar auf Grund eines von Dyck[1]) angegebenen Verfahrens. Ein regulärer nicht gemeiner Kreispunkt heiße ausgezeichnet; die Zahl $r = \frac{p + q + |p - q|}{2}$ werde als seine Ordnung bezeichnet!

Wir geben nunmehr ein Verfahren zur gestaltlichen Diskussion der Integralkurven von (3a), das als das Auflösen des regulären Kreispunktes bezeichnet werde! Der Punkt P_0 hat als gemeinsamer Punkt der algebraischen Kurven $P = 0$, $Q = 0$ eine gewisse Multiplizität, die seine Schnittzahl s heißen möge! Nach einem bekannten Satz aus der Theorie der algebraischen Kurven gibt es zwei Polynome $\bar{P}(u, v)$, $\bar{Q}(u, v)$ höchstens p^{ten} bzw. q^{ten} Grades in u, v von folgenden Eigenschaften:

a) Ist $\varepsilon \neq 0$ konstant, so gibt es ein $k > 0$ derart, daß $P + \varepsilon \bar{P}$, $Q + \varepsilon \bar{Q}$ für $|\varepsilon| < k$ teilerfremd sind;

b) die Kurven $P(u, v) + \varepsilon \bar{P}(u, v) = 0$, $Q(u, v) + \varepsilon \bar{Q}(u, v) = 0$ haben für $\varepsilon \neq 0$ in einem Bereich $u^2 + v^2 < w$ ($w > 0$, passend gewählt) genau s einfache Schnittpunkte, die sich mit $\varepsilon \to 0$ in P_0 vereinigen.

---

[1]) v. Dyck, Abhandlungen d. Bayer. Akad. d. Wissenschaften, math.-phys. Klasse, XXVI (1913).

Die Differential-Gleichung

$$(3\,\mathrm{b})\qquad (P + \varepsilon \bar{P})(du^2 - dv^2) = (Q + \varepsilon \bar{Q})\, du\, dv$$

enthält somit im Bereich $u^2 + v^2 < w$ genau s singuläre Punkte, die einfache Schnittpunkte von $P + \varepsilon \bar{P} = 0$, $Q + \varepsilon \bar{Q} = 0$ sind und in deren Umgebung also nach (3a) Näherungsgleichungen der Form $(\alpha_1 u + \alpha_2 v)(du^2 - dv^2) = (\beta_1 u + \beta_2 v)\, du\, dv$ gelten. Wir werden in § 4 zeigen, wie die Integralkurven in deren Umgebung beschaffen sind. Der Übergang von (3a) zu (3b) ist der oben mit „Auflösen des regulären Kreispunktes" bezeichnete Vorgang.

Nun deuten wir ε in (3b) als Parameter. Die Integralkurven von (3b) kennen wir, sobald wir die angegebenen s Näherungsgleichungen aufgelöst haben. Lassen wir $\varepsilon \to 0$ gehen, so geht nicht nur (3b) stetig in (3a), sondern es gehen auch die Integralkurven von (3b) stetig in die Integralkurven von (3a) über. Kann man durch geeignete Auflösung den Grenzübergang gut überblicken, so liefert die angedeutete Methode ein bequemes Verfahren zur qualitativen Diskussion von (1) in der Umgebung eines Kreispunktes. Wir können die u, v-Ebene vor dem Grenzübergang in einzelne Teilbereiche zerschneiden, in deren jedem sich die Integralkurven aus den dort vorhandenen „Randsingularitäten" finden lassen. Mit $\varepsilon \to 0$ werden einige dieser Teilbereiche sehr schmal oder sehr klein. Diese Teilbereiche tilgen wir gleich von Anfang an und setzen die verbleibenden in richtiger Weise mit Integralkurven überdeckten Teilbereiche zum gesuchten Bild zusammen. Diese Methode ist im Grundgedanken mit einem von Frommer[1]) angegebenen Verfahren gleichwertig.

§ 3. **Kennziffer.**

Einer Untersuchung Hamburgers[2]) folgend, hat Blaschke a. a. O. zur Charakterisierung eines isolierten Kreispunktes den Begriff der Kennziffer eingeführt. Sei J eine einfach geschlossene Jordan-Kurve im Definitionsbereich vom $f(u, v)$ und treffe keinen Kreispunkt der Fläche! Dem Punkt $u + iv$ der u, v-Ebene weisen wir den Vektor $F(u, v) = f_{uu} - f_{vv} + 2i f_{uv}$ zu. Dann

---

1) Frommer, Math. Ann. 99 (1928), S. 222—272.

2) Hamburger, Math. Zeitschr. 19 (1924), S. 50—66.

gilt, soferne das Integral einmal in positivem Sinne über J erstreckt wird

$$(4) \qquad \int_J d \operatorname{arc} F = n\pi, \quad n \text{ ganz.}$$

Durch jeden Punkt von J geht eine Krümmungslinie der einen und eine der anderen Schar; das Integral mißt die Richtungsänderung der einen oder anderen Schar Krümmungslinien bei einmaligem Umgang um J. Ist in J kein Kreispunkt gelegen, so ist n (natürlich!) gleich Null; liegt in J genau ein (und zwar ein isolierter Kreispunkt), so heißt n nach Blaschke seine Kennziffer. Liegen in J λ Kreispunkte mit den Kennziffern $n_1, n_2, \ldots, n_\lambda$, so gilt $\int_J d \operatorname{arc} F(u, v) = \pi \sum_1^\lambda{}^k n_k$. Nun setzen wir J aus N Bögen von Krümmungslinien zusammen: Je zwei aufeinanderfolgende von ihnen gehören zu verschiedenen Scharen und treffen sich in einer Ecke unter rechtem Winkel. Die Ecke heiße ausspringend, falls die in ihr sich schneidenden Bögen, über die Ecke hinaus fortgesetzt, in J nicht eindringen; andernfalls einspringend! Ist a die Zahl der ausspringenden, e die Zahl der einspringenden Ecken, so gilt die Formel Hamburgers:

$$(4\,\text{a}) \qquad n = 2 - \frac{a - e}{2}.$$

Sie liefert n sogleich, wenn das Kurvennetz gezeichnet vorliegt.

Zur Berechnung von n können wir auch auf die Methode der Auflösung zurückgreifen. Wir sehen zu, daß von den singulären Punkten, in die wir den Punkt aufgelöst haben, möglichst viele imaginär oder von höherer Ordnung, aber bekannter Kennziffer sind. Dabei nehmen wir an, daß die Näherungsgleichungen in den einzelnen auflösenden Punkten wirklich als kennzeichnende Gleichungen entsprechender Kreispunkte aufzufassen sind, was in jedem einzelnen Fall geprüft werden muß. Umschließt J genau jene Punkte nach der Auflösung, die mit $\varepsilon \to 0$ nach P_0 rücken, so ist $n = \sum_1^\lambda{}^k n_k$; dabei ist n die zu suchende Kennziffer, n_k sind die bekannten Kennziffern der auflösenden singulären Punkte.

§ 4. Gemeine Kreispunkte I. Ordnung.

Wir führen als Hilfsgröße ein

$$S \equiv \begin{vmatrix} a_{21}, & a_{30} - a_{12} \\ a_{12}, & a_{21} - a_{03} \end{vmatrix}. \tag{5}$$

Ist $S \neq 0$, und setzen wir in Gleichung (1) aus (2) ein, so erhalten wir unter alleiniger Berücksichtigung der in u, v linearen Glieder für einen gemeinen Kreispunkt 1. Ordnung die kennzeichnende Differential-Gleichung

$$(a_{21} u + a_{12} v)(du^2 - dv^2) = [(a_{30} - a_{12}) u + (a_{21} - a_{03}) v]\, du\, dv. \tag{5a}$$

Auf (5a) läßt sich die Gleichung

$$(\alpha_1 u + \alpha_2 v)(du^2 - dv^2) = (\beta_1 u + \beta_2 v)\, du\, dv, \quad \begin{vmatrix} \alpha_1 & \alpha_2 \\ \beta_1 & \beta_2 \end{vmatrix} \neq 0$$

mit $a_{30} = \alpha_2 + \beta_1$, $a_{21} = \alpha_1$, $a_{12} = \alpha_2$, $a_{03} = \alpha_1 - \beta_2$ zurückführen. Damit ist die Auflösung des regulären Kreispunktes aus § 2 reduziert auf die Behandlung von Näherungsgleichungen, die selbst zu gemeinen Kreispunkten 1. Ordnung als kennzeichnend gehören.

Die fünf Formen der gestaltlich verschiedenen Typen von (5a) finden sich zum erstenmal bei Finsterwalder[1]). Die Integration ist auf vielerlei Arten möglich; sie wird recht elegant durch Anwendung der Berührungstransformation

$$u = \frac{d\eta}{d\xi}, \quad v = \xi \frac{d\eta}{d\xi} - \eta, \quad \frac{dv}{du} = \xi,$$

deren sich z. B. Markert[2]) in Anschluß an eine Note von Darboux[3]) bedient. Es gibt drei geradlinige Lösungen, bestimmt aus

1) $a_{21} u^3 - (a_{30} - 2 a_{12}) u^2 v + (a_{03} - 2 a_{21}) u v^2 - a_{12} v^3 = 0.$

Sie führen zu 6 von P_0 ausgehenden Hauptstrahlen. Von ihnen stehen keine zwei aufeinander senkrecht. Sind umgekehrt drei (paarweise nicht zueinander orthogonale) Gerade durch P_0 gegeben, so gibt es genau eine Differential-Gleichung (5a), als

---

[1]) In Dycks Katalog math. Modelle, München (1892), S. 302/04.

[2]) Markert, Diss. Jena (1919), ungedruckt; dort sind auf eine von der hier angegebenen Methode verschiedenen einige der Differential-Gleichungen, der folgenden Paragraphen ebenfalls behandelt.

[3]) Darboux, Surfaces IV (1896), Note 7.

deren Hauptstrahlen sie gelten können. Die nicht geradlinigen Integralkurven liegen aus P_0 ähnlich. Wir sehen P_0 als Endpunkt jeder in ihm einmündenden Integralkurve an. Eine Integralkurve von (5a) ist entweder geradlinig oder wendepunktsfrei. Es gibt folgende fünf Typen:

1. Hauptfall: Die Integralkurven liegen zu P_0 konvex; $n = -1$.

I. *Drei reelle in ein Rechtwinkelfeld nicht einschließbare Hauptgerade,* $S > 0$.

Jede Integralkurve liegt im stumpfen Winkelfeld von zwei Hauptstrahlen, die sie zu Asymptoten hat. In P_0 münden außer den Hauptstrahlen keine anderen Integralkurven ein.

2. Hauptfall: Die Integralkurven liegen zu P_0 konkav; $n = 1$.

II. *Drei reell verschiedene in ein Rechtwinkelfeld einschließbare Hauptgerade,* $S < 0$.

Die zwei Hauptgeraden, in deren spitzem Winkelfeld die dritte liegt, sollen die „äußeren" heißen, die dritte die „innere"! Die Integralkurven laufen zu den äußeren Hauptstrahlen „parabolisch" (d. h. sie bleiben zu diesen von einer gewissen Stelle ab konkav und haben keine Asymptote); längs der inneren Hauptstrahlen münden unendlich viele Integralkurven in P_0 ein.

III. *Eine einfache, eine doppelt zählende Hauptgerade,* $S < 0$.

Die Integralkurven laufen zu den Hauptstrahlen parabolisch, längs der doppelt zählenden Hauptstrahlen münden im spitzen Winkelfeld der Hauptgeraden unendlich viele Integralkurven in P_0 ein.

IV. *Eine dreifach zählende Hauptgerade,* $S < 0$.

Die Integralkurven laufen zu den Hauptstrahlen parabolisch; diese sind die einzigen in P_0 einmündenden Integralkurven.

V. *Ein reeller, zwei konjugiert imaginäre Hauptstrahlen.*

Topologisch das gleiche Bild wie vorhin.

Wir wenden uns von hier zu einigen Kreispunkten höherer Ordnung, die z. T. schon von Gullstrand[1]) behandelt worden sind, aber auf ganz andere Weise.

---

[1]) Gullstrand, Allgemeine Theorie der monochromatischen Aberrationen und ihre nächsten Ergebnisse für die Ophthalmologie, Nova acta Reg. Soc. scient. Upsal. ser. III, vol. XX, Upsala 1900.

Zur Kenntnis der Kreispunkte, Acta Math. 29, 1905.

§ 5. Ausgezeichnete Kreispunkte $\left(\begin{matrix} r = 2 \\ s = 2 \end{matrix}\right.$.

(A) Wir gehen zunächst aus von der Näherungsgleichung

(6) $\underline{[a u^2 + 2\lambda v]\,(d u^2 - d v^2) = 2\,[b u^2 + (1 - \lambda^2)\, v]\, d u\, d v,}$

setzen fest $T \equiv \begin{vmatrix} a & 2\lambda \\ b & 1 - \lambda^2 \end{vmatrix} \neq 0$, und denken $T > 0$. (Dies wird ev. erst nach Spiegelung an der v-Achse erreicht). Dann lösen wir auf in

(6a) $\underline{[a(u^2 - \varepsilon) + 2\lambda v]\,(du^2 - dv^2) = 2\,[b(u^2 - \varepsilon) + (1 - \lambda^2)\, v]\, du\, dv.}$

Ist $\varepsilon < 0$, so hat (6a) im Endlichen keine singuläre Stelle; die durch Gleichung (6) definierten Kreispunkte haben die Kennziffer Null.

a) $\lambda \neq 0$, Fig. 1.

Es sei $\varepsilon > 0$. In den Punkten $R^{\pm}\,(\pm\,|\sqrt{\varepsilon}\,|,\ 0)$ liegen zwei singuläre Punkte $\left(\begin{matrix} r = 1 \\ s = 1 \end{matrix}\right.$ mit den reell verschiedenen Hauptrichtungen

$$k_1 = \lambda + \frac{T\sqrt{\varepsilon}}{\lambda\,(1 + \lambda^2)},$$

$$k_2 = -\,\frac{1}{\lambda} + \frac{\lambda\, T \sqrt{\varepsilon}}{1 + \lambda^2},$$

$$k_3 = -\,\frac{a_1 \sqrt{\varepsilon}}{\lambda}.$$

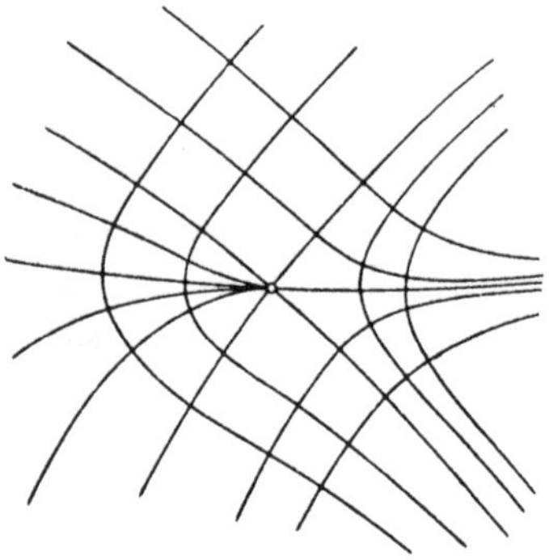

Fig. 1

Hier ist für R^+ $\sqrt{\varepsilon} = +\,|\sqrt{\varepsilon}\,|$ zu setzen, für R^- $\sqrt{\varepsilon} = -\,|\sqrt{\varepsilon}\,|$; ist S die in $R^{\pm}$ berechnete Größe wie in (5), so ist $S = 4\,T\sqrt{\varepsilon}$. In R^+ liegt ein Punkt vom Typ I, in R^- ein Punkt vom Typ II (§ 4). Mit $\varepsilon \to 0$ folgt Fig. 1.

b) $\lambda = 0$, Fig. 2 ($a > 0$).

Nun ist die v-Achse Integralkurve. Mit $\varepsilon = \delta^2 > 0$, $\delta > 0$ kommt hier

in $R^+(\delta, 0)$ $\quad k_1^+ = \infty, \quad k_{2,3}^+ = \pm\sqrt{\dfrac{a\,\delta}{2}}; \quad S^+ = 4\,T\,\delta,$

in $R^-(-\,\delta, 0)$ $\quad k_1^- = \infty, \quad k_{2,3}^- = \pm\sqrt{\dfrac{-\,a\,\delta}{2}}.$

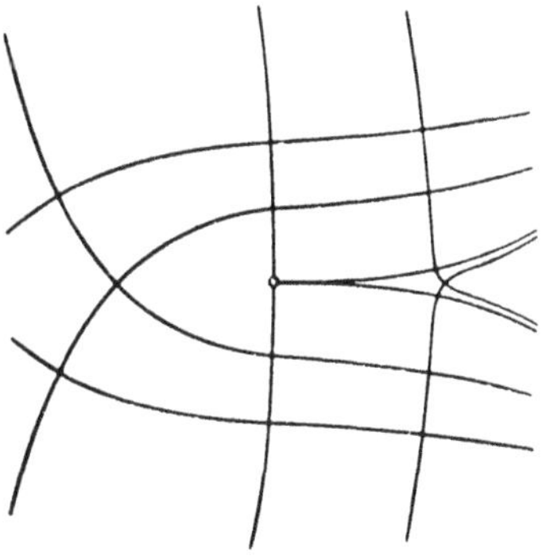

Fig. 2.

In R^+ liegt ein Punkt vom Typ I, in R^- einer vom Typ V. Diese Auflösung ist Musterbeispiel für die Legung eines Schnittes: Er fülle den Streifen $|u| \leqq \delta$ aus! In Richtung der positiven u-Achse münden zwei Integralkurven in $u = 0$, $v = 0$ ein, beginnend mit der Entwicklung der Zweige

$$v = \pm \frac{a}{3} |u|^{3/2}.$$

In (A) steckt mit $\lambda(\lambda^2 - 1) \neq 0$ folgender Fall: $P(u, v) = 0$, $Q(u, v) = 0$ sind zwei einander in $u = 0$, $v = 0$ berührende Parabeln (die gemeinsame Tangente ist durch Drehung zur u-Achse gemacht). Ist aber $\lambda(\lambda^2 - 1) = 0$, so ist eine dieser Parabeln in das Geradenpaar $u^2 = 0$ entartet.

(B) Der Typus $\begin{cases} r = 2 \\ s = 2 \end{cases}$ kann außerdem noch dadurch entstehen, daß eine der Kurven $P = 0$, $Q = 0$ eine Parabel durch $u = 0$, $v = 0$, die andere ein Geradenpaar durch $u = 0$, $v = 0$ vorstellt, worunter die Parabeltangente in $u = 0$, $v = 0$ nicht sein darf. Machen wir diese Parabeltangente zur u-Achse, so erhalten wir folgende zwei Möglichkeiten

$$\left.\begin{array}{ll} (6^*) & \underline{(au^2 + 2v)(du^2 - dv^2) = (b_0 u^2 + 2b_1 uv + b_2 v^2)\,du\,dv} \\ (6^{**}) & \underline{(b_0 u^2 + 2b_1 uv + b_2 v^2)(du^2 - dv^2) = (au^2 + 2v)\,du\,dv} \end{array}\right\} b_0 \neq 0.$$

Die gleichen Schlüsse wie oben zeigen, daß (6*) auf den in Fig. 1 dargestellten Typ (Hauptrichtungen sind in $u = 0$, $v = 0$: $k_1 = 0$, $k_2 = 1$, $k_3 = -1$) und (6**) auf den in Fig. 2 dargestellten Typ (Hauptrichtungen sind in $u = 0$, $v = 0$: $k_1 = 0$, $k_2 = k_3 = \infty$) führt. Auf (6), (6*) und (6**) läßt sich aber die Näherungsgleichung eines Punktes $\begin{cases} r = 2 \\ s = 2 \end{cases}$ stets zurückführen; somit ist erkannt: Jeder Kreispunkt $\begin{cases} r = 2 \\ s = 2 \end{cases}$ hat die Kennziffer Null und ist durch einen der Typen in Fig. 1 oder Fig. 2 dargestellt.

In (6) ist das merkwürdige Beispiel enthalten

1) $$2v(du^2 - dv^2) = \lambda(u^2 - v^2)\,du\,dv, \qquad k < 0.$$

Hier sind $v = 0$, $u \pm v = 0$ selbst Integralkurven; die krummlinigen Integralkurven haben $u = |v|$ und die positive u-Achse zu Asymptoten und laufen zu $u = -|v|$ parabolisch. Längs der negativen u-Achse münden unendlich viel Integralkurven ein. Ort der Wendepunkte ist $u^2 - v^2 = ku(u^2 + v^2)$; die zugehörige Wenderichtung ist $\frac{dv}{du} = \frac{2uv}{u^2 + v^2}$. Das Beispiel ist als sphärische Projektion eines Netzes Krümmungslinien aufzufassen und liefert unter den quadratischen Netzen das einzige mit geradlinigen Lösungen durch einen ausgezeichneten Kreispunkt (vgl. § 9).

§ 6. Ausgezeichnete Kreispunkte $\left(\begin{matrix} r = 2 \\ s = 3 \end{matrix}\right.$ und $\left(\begin{matrix} r = 2 \\ s = 4 \end{matrix}\right.$.

(A) Wir gehen zunächst aus von der Näherungsgleichung

(7) $$\underline{\underline{\begin{aligned}&[auv + 2\lambda(cu^2 + 2v)]\,(du^2 - dv^2) = \\ &= 2\,[buv + (1 - \lambda^2)(cu^2 + 2v)]\,du\,dv,\end{aligned}}}$$

setzen fest $c \neq 0$, $\bar{T} \equiv \begin{vmatrix} a & 2\lambda \\ b & 1 - \lambda^2 \end{vmatrix} \neq 0$ und denken $\bar{T} > 0$ (dies wird ev. erst nach Spiegelung an der v-Achse erreicht). Lösen wir auf in

(7 a) $$\underline{\underline{\begin{aligned}&[av(u - \varepsilon) + 2\lambda(cu^2 + 2v)]\,(du^2 - dv^2) = \\ &= 2\,[bv(u - \varepsilon) + (1 - \lambda^2)(cu^2 + 2v)]\,du\,dv,\end{aligned}}}$$

so liegt in $u = 0$, $v = 0$ ein Punkt $\left(\begin{matrix} r = 2 \\ s = 2 \end{matrix}\right.$, in $u = \varepsilon$, $v = -\frac{c\varepsilon^2}{2}$ ein Punkt $\left(\begin{matrix} r = 1 \\ s = 1 \end{matrix}\right.$; dieser letztere hat für $c\bar{T} > 0$ die Kennziffer $+1$, für $c\bar{T} < 0$ die Kennziffer -1. Die Kennziffer des Kreispunktes von (7) ist die des Kreispunktes $u = 0$, $v = 0$ aus (7 a). Wir denken $\lambda \neq 0$ und sehen genau so wie oben: Ist $c\bar{T} < 0$, so ist das Bild der Integralkurven von (7) topologisch gleichwertig mit dem von Typ I; ist $c\bar{T} > 0$, so ist es gleichwertig mit dem von Typ II.

Ist $\lambda = 0$, so läßt sich (7) ersetzen durch

1) $$a u v (d u^2 - d v^2) = 2(c u^2 + 2 v)\, d u\, d v; \quad a c \neq 0.$$

Dies wird durch reine Ähnlichkeitstransformation zu

(8) $$\underline{2 u v (d u^2 - d v^2) = (a u^2 + 2 v)\, d u\, d v; \quad a \neq 0.}$$

Ist $a < 0$, so lösen wir auf in

(8 a) $$\underline{2 u v (d u^2 - d v^2) = [a u^2 + 2 (v - \varepsilon)]\, d u\, d v}$$

und denken $\varepsilon > 0$. Nun liegt allein in $u = 0$, $v = \varepsilon$ ein singulärer Punkt $\begin{pmatrix} r = 1 \\ s = 1 \end{pmatrix}$; seine Hauptrichtungen sind $k_1 = \infty$, $k_{2,3} = \pm |\sqrt{\varepsilon}|$. Er ist also vom Typ I.

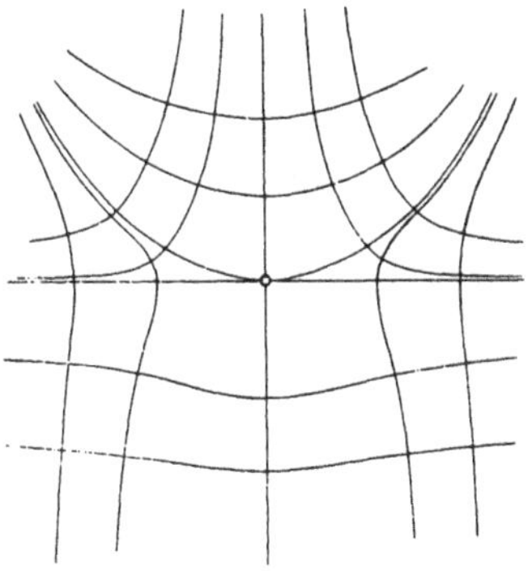

Fig. 3

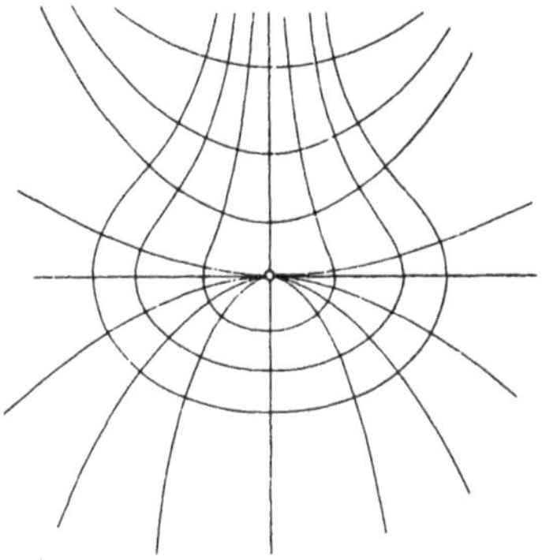

Fig. 4

Jetzt lassen wir den schmalen Bereich aus der u, v-Ebene weg, begrenzt von den Kurven

1) $v = 0$,

2) $v = \dfrac{|\varepsilon|^{3/2}}{u + |\varepsilon|^{1/2}}$ für $u \geqq 0$,

3) $v = \dfrac{-|\varepsilon|^{3/2}}{u - |\varepsilon|^{1/2}}$ für $u \leqq 0$.

Im Restbereich ist der Verlauf der Integralkurven von (7 a) sichergestellt. Mit $\varepsilon \to 0$ folgt Fig. 3. Durch $u = 0$, $v = 0$ geht außer $v = 0$ noch eine weitere Integralkurve mit Horizontaltangente; ihre Entwicklung beginnt mit $v = u^2 (1 - a)$.

Ist $a > 0$, so lösen wir auf in

(8b) $$2uv(du^2 - dv^2) = (a(u^2 - \varepsilon) + 2v)\,du\,dv$$

und denken $\varepsilon > 0$. Wir haben drei singuläre Punkte, R_0 und $R^{\pm}$.

$$R_0\left(u = 0,\ v = \frac{a\varepsilon}{2}\right)\ k_1 = \infty,\ k_{2,3} = \pm\left|\sqrt{\frac{a\varepsilon}{2}}\right| \qquad \text{Typ I}$$

$$R^{\pm}(u = \sqrt{\varepsilon},\ v = 0)\ k_1 = 0,\ k_2 = (1-a)\sqrt{\varepsilon},\ k_3 = -\frac{1}{\sqrt{\varepsilon}} \qquad \text{Typ II.}$$

Dabei setzen wir für R^+ $\sqrt{\varepsilon} = +|\sqrt{\varepsilon}|$, für R^- $\sqrt{\varepsilon} = -|\sqrt{\varepsilon}|$.

Denken wir etwa $a > 1$ und nehmen aus der u, v-Ebene den Bereich um $u = 0$, $v = 0$ heraus, der begrenzt wird von den Kurven

1) $v = \frac{a\varepsilon}{2}$,

2) $v = \frac{a\varepsilon}{2}\left[1 - \frac{a|\sqrt{\varepsilon}|}{2(1-a)u - (2-3a)|\sqrt{\varepsilon}|}\right]$ für $u \geqq |\sqrt{\varepsilon}|$,

3) $v = \frac{a\varepsilon}{2}\left[1 + \frac{a|\sqrt{\varepsilon}|}{2(1-a)u + (2-3a)|\sqrt{\varepsilon}|}\right]$ für $u < -|\sqrt{\varepsilon}|$,

4) $v = 1 - \frac{u}{|\sqrt{\varepsilon}|}$ für $u \geqq |\sqrt{\varepsilon}|$,

5) $v = 1 + \frac{u}{|\sqrt{\varepsilon}|}$ für $u \leqq -|\sqrt{\varepsilon}|$,

so ist im Restbereich der Verlauf der Integralkurven von (8b) klar. Mit $\varepsilon \to 0$ folgt Fig. 4. Sie ist topologisch nicht verschieden von den für $0 < a \leqq 1$ entstehenden Bildern, was ähnlich gezeigt wird.

In (A) steckt mit $\lambda(\lambda^2 - 1) \neq 0$ folgender Fall: $P(u, v) = 0$, $Q(u, v) = 0$ sind zwei einander in $u = 0$, $v = 0$ oskulierende Kegelschnitte (die gemeinsame Tangente ist durch Drehung zur u-Achse gemacht). Ist aber $\lambda(\lambda^2 - 1) = 0$, so ist eine dieser Kurven in das Geradenpaar $uv = 0$ entartet.

(B) Der Typ $\begin{pmatrix} r = 2 \\ s = 3 \end{pmatrix}$ kann außerdem noch dadurch entstehen, daß eine der Kurven $P = 0$, $Q = 0$ eine Parabel durch $u = 0$, $v = 0$, die andere ein nicht zusammenfallendes Geradenpaar durch

$u=0$, $v=0$ vorstellt, das die Parabeltangente in $u=0$, $v=0$ enthält. Machen wir diese Parabeltangente zur u-Achse, so haben wir folgende zwei Möglichkeiten

$$(7^*)\quad \underline{(au^2+2v)(du^2-dv^2)=2v(bu+cv)\,du\,dv}\qquad ac\neq 0$$

(dies liefert in $u=0$, $v=0$ die Hauptrichtungen $k_1=0$, $k_2=1$, $k_3=-1$ und führt zurück zu den Typen von Gleichung (7)) oder

$$(8^*)\quad \underline{v(bu+cv)(du^2-dv^2)=2(au^2+2v)\,du\,dv}\qquad ac\neq 0$$

(dies führt zurück zu den Typen von Gleichung (8) und liefert die Hauptrichtungen $k_1=\infty$, $k_2=k_3=0$ in $u=0$, $v=0$).

Auf (7), (7*) oder (8*) läßt sich die Näherungsgleichung eines Kreispunktes $\left(\begin{matrix} r=2 \\ s=3 \end{matrix}\right.$ stets zurückführen; somit ist erkannt: Jeder Kreispunkt $\left(\begin{matrix} r=2 \\ s=3 \end{matrix}\right.$ hat die Kennziffer $+1$ oder -1 und ist dargestellt entweder durch Typ I oder durch Typ II oder durch die in Fig. 3, 4 gezeichneten Typen.

Entsprechend könnten wir nun zur Diskussion der ausgezeichneten Kreispunkte $\left(\begin{matrix} r=2 \\ s=4 \end{matrix}\right.$ übergehen, doch beschränken wir uns darauf, folgenden leicht zu beweisenden Satz anzuführen: Die ausgezeichneten Kreispunkte $\left(\begin{matrix} r=2 \\ s=4 \end{matrix}\right.$ haben die Kennziffer Null.

§ 7. Gemeine Kreispunkte 2. Ordnung.

Die kennzeichnende Näherungsgleichung eines gemeinen Kreispunktes 2. Ordnung ist

$$(9)\quad \begin{aligned} &\underline{(a_0u^2+2a_1uv+a_2v^2)(du^2-dv^2)=}\\ &\underline{=(b_0u^2+2b_1uv+b_2v^2)\,du\,dv};\end{aligned}$$

da P, Q teilerfremd sind, gilt

$$4\begin{vmatrix} a_0 & a_1 \\ b_0 & b_1 \end{vmatrix}\begin{vmatrix} a_1 & a_2 \\ b_1 & b_2 \end{vmatrix}-\begin{vmatrix} a_0 & a_1 \\ b_0 & b_2 \end{vmatrix}^2\neq 0;$$

da ferner $P_{uu}-P_{vv}\equiv Q_{uv}$ ist, muß sein $a_0-a_2=b_1$. Gleichung (9) kann als homogene nach dem Verfahren Dycks[1]) integriert

[1]) Vgl. Anm. auf S. 165.

werden; recht geeignet wäre auch die in § 4 erwähnte Berührungstransformation, die auf elliptische Integrale führt. Es gibt geradlinige Lösungen durch $u = 0$, $v = 0$; sie werden dargestellt durch

$$
\begin{aligned}
&a_0 u^4 - (b_0 - 2a_1) u^3 v - 3(a_0 - a_2) u^2 v^2 - \\
1) \qquad &- (b_2 + 2a_1) u v^3 - a_2 v^4 = 0;
\end{aligned}
$$

mindestens eine von ihnen ist reell[1]). Daher läßt sich durch Drehung erreichen, daß in (9) das Geradenpaar mit der Gleichung $P = 0$ reell ist; z. B., daß es die v-Achse enthält. Nun können wir die Kennziffer des Punktes $u = 0$, $v = 0$ leicht feststellen:

a) Die Geradenpaare $P = 0$, $Q = 0$ trennen sich.

Dann ist auch das durch $Q = 0$ dargestellte Geradenpaar reell. Ersetzen wir zur Auflösung P durch $P + \varepsilon$, so hat die Hyperbel $P + \varepsilon = 0$ mit dem Geradenpaar $Q = 0$ zwei zu $u = 0$, $v = 0$ symmetrische Schnittpunkte gemein, die in der aufgelösten Gleichung zwei Kreispunkte 1. Ordnung gleichen Typs erzeugen. Der zu untersuchende Kreispunkt $u = 0$, $v = 0$ hat also die Kennziffer $+2$ oder -2.

b) Die Geradenpaare trennen sich nicht.

Dann kann das durch $Q = 0$ dargestellte Geradenpaar auch imaginär sein. Ersetzen wir P durch $P + \varepsilon$, so läßt sich das Zeichen von ε derart bestimmen, daß die Hyperbel $P + \varepsilon = 0$ das Geradenpaar $Q = 0$ nicht reell schneidet; der zu untersuchende Kreispunkt $u = 0$, $v = 0$ hat also die Kennziffer Null.

§ 8. **Einiges über quadratische Netze.**

„Quadratisch" heiße ein Netz (1), wenn $f(u, v)$ in u, v ein Polynom 4. Grades, also (1) in u, v vom 2. Grade ist und f_{uv}, $f_{uu} - f_{vv}$ teilerfremd sind. Kreispunkte des Netzes sind die gemeinsamen reellen Punkte der Kurven $f_{uv} \equiv P = 0$, $f_{uu} - f_{vv} \equiv Q = 0$ im Endlichen; außerdem gegebenenfalls noch der Punkt „Unendlich".

---

[1]) Ist 1) identisch erfüllt, so reduziert sich (9) auf

$$uv\,(du^2 - dv^2) = (u^2 - v^2)\,du\,dv$$

mit $v = cu$ und $u^2 + v^2 = c$ als Integralkurven ($n = +2$).

Sind $n_1, n_2, \ldots, n_\lambda$ die Kennziffern der Kreispunkte im Endlichen, so gilt nach Blaschke: $n_\infty = \sum_1^\lambda n_\varkappa$. $n_\infty = -4$ gehört zu einem Nichtkreispunkt in ∞. Wie in § 7 erkennen wir, daß sich das „Asymptotenpaar" von $P = 0$ durch Drehung stets reell machen läßt, daß also $P = 0$ ein reelles Geradenpaar, eine Parabel oder eine Hyperbel vorstellt. Im einfachsten Fall liegen vier reell verschiedene Kreispunkte $\begin{pmatrix} r = 1 \\ s = 1 \end{pmatrix}$ im Endlichen.

a) Die vier Kreispunkte liegen hyperbolisch.

Hat der im Dreieck der andern gelegene Kreispunkt die Kennziffer n_0, so hat jeder der drei andern die Kennziffer $-n_0$. Der Punkt ∞ hat die Kennziffer $n_\infty = -2n_0$.

b) Durch die vier Kreispunkte läßt sich eine Parabel legen.

Wir können die Kreispunkte in zwei, einander auf der (einen) durch sie möglichen Parabel trennende Paare anordnen: Die Punkte des einen Paares haben die Kennziffer $+1$, die des andern Paares die Kennziffer -1, der Punkt ∞ hat die Kennziffer Null.

Wir gewinnen hieraus alle andern möglichen quadratischen Netze, indem wir die Kreispunkte zusammenrücken, gegebenenfalls imaginär werden oder ins Unendliche wandern lassen. Die angedeutete Methode läßt sich auf höhere Netze ausdehnen; dann wird die Überlegung entsprechend komplizierter.

§ 9. Quadratische Netze mit sechs reellen geradlinigen Lösungen.

Wir sehen unmittelbar, daß eine geradlinige Lösung im quadratischen Netz durch genau zwei (reell verschiedene, zusammenfallende oder imaginäre) Kreispunkte hindurchgeht. Sind alle vier Kreispunkte reell verschieden, so kann es also höchstens sechs geradlinige Lösungen im quadratischen Netz geben. Wir wollen die zugehörigen Netze aufsuchen.

a) Die vier Kreispunkte bilden eine Raute.

Die Punkte seien $\begin{pmatrix} u = \pm a \\ v = 0 \end{pmatrix}$, $\begin{pmatrix} u = 0 \\ v = \pm b \end{pmatrix}$; $a > b > 0$! Die Differential-Gleichung heißt

$$(10\text{a})\quad 2uv(du^2 - dv^2) = \left(\frac{u^2}{a^2} + \frac{v^2}{b^2} - 1\right)(a^2 - b^2)\,du\,dv.^{1)}$$

In $\begin{pmatrix} u = \pm a \\ v = 0 \end{pmatrix}$ liegen Punkte der Kennziffer $+1$, in $\begin{matrix} u = 0 \\ v = \pm b \end{matrix}$ Punkte der Kennziffer -1. Das Netz hat außerdem die Hyperbel $\frac{u^2}{a^2} - \frac{v^2}{b^2} = \frac{a^2 - b^2}{a^2 + b^2}$ zur Integralkurve. Es läßt sich durch Quadraturen integrieren. Vgl. Fig. 5.

b) Der 4. Kreispunkt ist Höhenschnittpunkt des durch die 3 andern gebildeten Dreiecks.

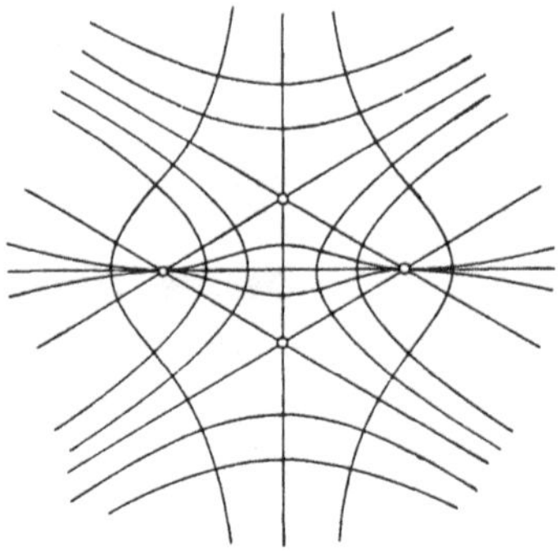

Fig. 5

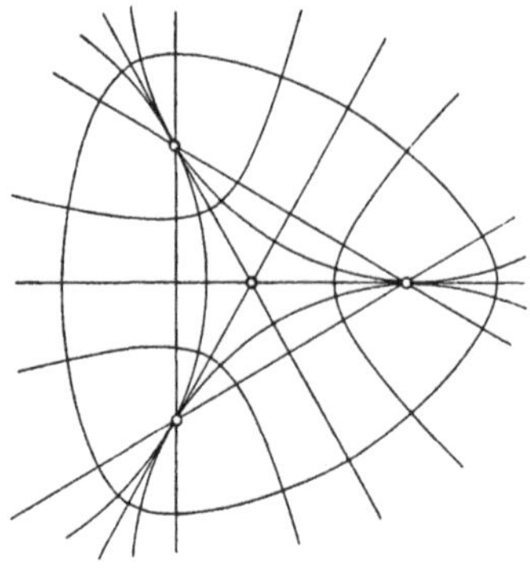

Fig. 6

Ein Punkt liegt genau im Dreieck der drei andern; wir nennen ihn P_3 und machen ihn zum Ursprung. Er hat sicher die Kennziffer -1; die andern Kreispunkte, nämlich P_0, P_1, P_2, haben die Kennziffer $+1$. Wir schreiben die Seiten des Dreiecks in Normalform an

$$1)\qquad g_i \equiv u \cos \alpha_i + v \sin \alpha_i - \frac{p}{\cos \vartheta_i} = 0; \quad i = 0, 1, 2;$$

$$\vartheta_i = \alpha_{i+1} - \alpha_{i-1} \neq \frac{\pi}{2}; \quad p \neq 0;$$ Indizes modulo 3 zu nehmen!

1) Die Überlegung gilt auch, wenn b^2 durch $-b^2$ ersetzt wird; dann sind die Seiten der Raute imaginär, die Diagonalen bleiben reell. Mit $-b^2 = a^2$ kommen speziell die konfokalen Kegelschnitte. Ähnliches gilt für (10b).

Die drei Höhen durch P_0, P_1, P_2 seien entsprechend bezeichnet mit h_i! Es gilt

2) $$h_i \equiv u \sin a_i - v \cos a_i = 0,$$

und zwischen den g_i und h_i besteht die Identität $\sum_0^2{}^i g_i h_i \sin 2\vartheta_i = 0$.

Die verlangte Differential-Gleichung des Netzes ist

(10 b) $$\underline{\underline{(g_1 h_1 \sin 2a_2 - g_2 h_2 \sin 2a_1)(du^2 - dv^2) = = 2(g_1 h_1 \cos 2a_2 - g_2 h_2 \cos 2a_1)\, du\, dv.}}$$

Insbesondere folgt daraus ein dreifach symmetrischer Fall mit der Gleichung

3) $$(u + a)v(du^2 - dv^2) = (u^2 - v^2 - 2au)\, du\, dv.$$

Er liegt der Fig. 6 zu Grunde, bei der also das Dreieck $P_0 P_1 P_2$ gleichseitig ist; $a > 0$ zu denken!

Einige weitere merkwürdige Ergebnisse treten auf, wenn man dem quadratischen Netz einen nicht zerfallenden Kegelschnitt als Integralkurve aufzwingt; es sei nur der folgende Satz erwähnt: Ist ein Mittelpunktskegelschnitt Integralkurve eines Quadratnetzes, so sind auch seine Achsen Integralkurven und das Netz läßt sich durch Quadraturen ingrieren.

Über die Struktur von Fourierreihen fastperiodischer Funktionen.

Von **Salomon Bochner** in München.

Vorgelegt von O. Perron in der Sitzung am 7. Juli 1928.

§ 1.

Es ist eine der interessantesten Fragestellungen in der Theorie der Fourierreihen von periodischen Funktionen,

$$f(x) \sim \sum_{-\infty}^{+\infty} a_\nu e^{i\nu x}, \quad \left(a_\nu = \frac{1}{2\pi}\int_0^{2\pi} f(\xi) e^{-i\nu\xi}\, d\xi\right),$$

allgemeine funktionale Eigenschaften der vorgelegten Funktion (etwa: gleichmäßige Stetigkeit, beschränkte Variation, Differenzierbarkeit, Integrierbarkeit im Riemannschen Sinne, Integrierbarkeit nur im Lebesgueschen Sinne etc.) durch möglichst durchsichtige (arithmetische) Eigenschaften der Folge der Fourierkoeffizienten a_ν, ($\nu = 0, \pm 1, \pm 2, \pm 3, \ldots$), zu kennzeichnen[1]).

Das Problem wird gestaltreicher und in einer wichtigen Hinsicht viel dringender, wenn man Fourierreihen nicht von reinperiodischen, sondern allgemeiner von fastperiodischen Funktionen zur Untersuchung stellt[2]). Eine fastperiodische Funktion besitzt gleichfalls eine Fourierreihe

---

[1]) Man kennt in diesem Fragenkreis eigentlich nur einen einzigen endgültigen Satz, nämlich den Riesz-Fischerschen über die eineindeutige Korrespondenz zwischen den Funktionen $f(x)$, deren Quadrat im Lebesgueschen Sinne integrierbar ist, und den Zahlenfolgen a_ν, für welche die Summe $\Sigma |a_\nu|^2$ einen endlichen Wert hat.

[2]) Für alle im folgenden angeführten Eigenschaften von fastperiodischen Funktionen vgl. des Verfassers: „Über Fourierreihen von fastperiodischen Funktionen", Sitzungsberichte d. Berliner Math. Ges., XXVI, 49–64.

$$f(x) \sim \sum_{n=1}^{\infty} a_{\lambda_n} e^{i\lambda_n x},$$

auf welche sich viele Eigenschaften der reinperiodischen Fourierreihe übertragen. Aber diese allgemeinen Fourierreihen besitzen die Eigenart, daß die Fourierexponenten $\lambda_1, \lambda_2, \lambda_3, \ldots$ ganz beliebige reelle Zahlen sein können, insbesondere solche, die sich in der Umgebung irgendwelcher endlicher Zahlen häufen können, ganz im Gegensatz zum reinperiodischen Fall, wo die Exponenten ganzzahlige Multipla einer gemeinsamen Basis $\frac{2\pi}{p}$ sein müssen.

Die fastperiodischen Funktionen in der ursprünglichen Bohrschen Definition sind Verallgemeinerungen der durchweg stetigen reinperiodischen Funktionen. Ein jedes arithmetische Kriterium, welches notwendige und hinreichende Bedingungen dafür angeben würde, wie bei beliebig verteilten, aber festvorliegenden Fourierexponenten λ_n die Zahlen a_{λ_n} beschaffen sein müssen, damit sie die Fourierkoeffizienten einer Bohrschen fastperiodischen Funktion sein können, würde als Spezialfall ein Kriterium dafür abgeben, wann Zahlen a_n die Fourierkoeffizienten einer reinperiodischen stetigen Funktion sind. Da aber das spezielle Problem bisher allen Lösungsversuchen getrotzt hat, dürfte es umso aussichtsloser sein, den allgemeinen Fall zu behandeln.

Beschränkt man sich für reinperiodische Funktionen auf den Sonderfall, daß alle tatsächlich auftretenden Fourierexponenten unterhalb einer festen Schranke liegen, also

$$f(x) \sim \sum_{\nu=-N}^{N} a_\nu e^{i\nu x},$$

dann wird unser Problem trivial. Jede (von selbst endliche) Anzahl von Zahlen a_ν, $|\nu| \leq N$, stellt in diesem Fall die Fourierkoeffizienten einer Funktion dar, nämlich der Funktion

$$f(x) = \sum_{\nu=-N}^{N} a_\nu e^{i\nu x}.$$

Anders aber bei fastperiodischen Funktionen. Beschränkt man sich jetzt auf solche Funktionen, deren Fourierexponenten alle unterhalb einer festen Schranke liegen,

$$-\Lambda < \lambda_n < +\Lambda, \quad n = 1, 2, 3, 4, \ldots.$$

sonst aber keiner Einengung unterliegen, sich also in $-\Lambda < \lambda < +\Lambda$ in beliebiger Weise häufen können, dann hat man es mit Funktionen zu tun, die zwar sehr viele funktionale Regularitäten aufweisen, sich aber als Reihen noch sehr kompliziert verhalten. Z. B. kann für eine solche Reihe die Summe $\sum |a_{\lambda_n}|$ sehr wohl divergieren. Es dürfte daher auch jetzt noch sehr schwierig sein, die arithmetische Struktur der Fourierreihe genügend zu kennzeichnen, aber immerhin verdient das Problem erhöhte Aufmerksamkeit, und zwar aus folgendem Grunde.

Die fastperiodischen Funktionen in der ursprünglichen Bohrschen Definition sind gleichmäßig stetig. Eine sehr naturgemäße Erweiterung ins Unstetige hat W. Stepanoff gegeben. Auf Grund der Stepanoffschen Fassung der Fastperiodizität entspricht jeder „Klasse" der reinperiodischen Funktionen eine ganz analog gebaute Klasse von fastperiodischen Funktionen. Insbesondere entspricht der Gesamtheit der reinperiodischen Funktionen, welche nur im Lebesgueschen Sinne (in der ersten Potenz) integrierbar sind, eine analoge Klasse von fastperiodischen Funktionen, von denen, was Integrierbarkeit anbetrifft, nur ausgesagt werden kann, daß sie auf jedem endlichen Intervall ein Lebesguesches Integral besitzen. — Wenn aber eine solche allgemeinste fastperiodische Funktion beschränkte Exponenten hat, dann ist sie von selbst eine stetige Funktion im Bohrschen Sinne. Sie besitzt weiterhin Ableitungen beliebig hoher Ordnung, von denen jede fastperiodisch ist, und ist sogar in einem wohlpräzisierten Sinne eine analytische Funktion. Für fastperiodische Funktionen mit beschränkten Exponenten gibt es also keine Aufteilung in Klassen, sie bilden eine einzige Klasse. Und unser Problem, von dem wir ausgingen, hat jetzt die „objektive" Form: wie müssen die Koeffizienten a_{λ_n} beschaffen sein, damit sie die Fourierkoeffizienten einer fastperiodischen Funktion (schlechthin) sein können. Wir können nicht irgendeine Lösung zu diesem Problem selbst geben, wir wollen aber zu einem verwandten, aber sehr viel leichteren Problem einen Beitrag liefern.

§ 2.

Im reinperiodischen Falle versteht man unter einer klassenerhaltenden Faktorenfolge eine Folge von Zahlen

$$\gamma_\nu, \ (\nu = 0, \pm 1, \pm 2, \pm 3, \ldots),$$

von der folgenden Beschaffenheit. Es sei die Reihe

$$\sum_{+\infty}^{-\infty} a_\nu e^{i\nu x}$$

die Fourierreihe irgend einer Funktion einer bestimmten Klasse. Die Reihe

$$\sum_{-\infty}^{+\infty} \gamma_\nu a_\nu e^{i\nu x}$$

ist wiederum eine Fourierreihe, und zwar einer Funktion derselben Klasse. Über derartige Faktorenfolgen kennt man sehr schöne Sätze[1]).

Für die Gesamtheit der fastperiodischen Funktionen, deren Exponenten absolut unter einer festen Schranke Λ liegen, lautet das analoge Problem folgendermaßen: wie muß eine für alle Werte λ aus dem Intervall $-\Lambda < \lambda < \Lambda$ definierte Funktion $\gamma(\lambda)$ beschaffen sein, damit die aus einer Fourierreihe

$$\sum a_{\lambda_n} e^{i\lambda_n x}, \quad |\lambda_n| < \Lambda$$

hervorgegangene Reihe

$$\sum \gamma(\lambda_n) a_{\lambda_n} e^{i\lambda_n x}$$

wiederum eine Fourierreihe ist.

Man erkennt leicht, daß die Funktion $\gamma(\lambda)$ beschränkt sein muß. Angenommen, es gibt eine Folge von Zahlen λ_n, so daß

$$\lim_{n\to\infty} |\gamma(\lambda_n)| = \infty.$$

Wir können, eventuell erst nach Wahl einer Teilfolge der ursprünglichen Folge λ_n, voraussetzen, daß

$$|\gamma(\lambda_n)| \geq n^2.$$

Die Reihe

$$\sum_{n=1}^{\infty} \frac{1}{n^2} e^{i\lambda_n x}$$

ist absolut konvergent und daher eine Fourierreihe (nämlich der durch ihre Summe definierten Funktion). Die Reihe

---

1) Vgl. die zusammenfassende Arbeit von M. Fekete: „Über Faktorenfolgen, welche die Klasse einer Fourierschen Reihe unverändert lassen." Acta Szeged, 1 (1923), 148—166.

$$\sum \frac{\gamma(\lambda_n)}{n^2} e^{i\lambda_n x}$$

kann aber keine Fourierreihe sein, weil

$$\sum_{n=1}^{\infty} \left| \frac{\gamma(\lambda_n)}{n^2} \right|^2$$

divergent ist. Also muß die Funktion $\gamma(\lambda)$ beschränkt sein, wenn sie als „Multiplikator" in Frage kommen soll. Wir können nicht weitere notwendige Bedingungen für $\gamma(\lambda)$ angeben, obwohl die bloße Beschränktheit von $\gamma(\lambda)$ sicherlich nicht hinreicht. Wir wollen sogar eine stetige Funktion $\gamma(\lambda)$ konstruieren, die kein Multiplikator ist. Dazu gehen wir von irgendeiner Fourierreihe

$$\sum_{n=1}^{\infty} a_{\lambda_n}{}^{i\lambda_n x}, \quad (|\lambda_n| < \Lambda),$$

mit reellen Koeffizienten aus, deren Exponenten $\lambda_1, \lambda_2, \lambda_3, \ldots$ sich nur in einem Punkte, nennen wir ihn λ_0, häufen und für welche $\sum |a_{\lambda_n}|$ divergiert[1]). Wir bestimmen jetzt eine Folge von Zahlen

$$\varepsilon_1, \varepsilon_2, \varepsilon_3, \ldots$$

für welche

$$\operatorname{sign} \varepsilon_n = \operatorname{sign} a_{\lambda_n}, \quad \lim \varepsilon_n = 0$$

und

$$\sum_{n=1}^{\infty} \varepsilon_n a_{\lambda_n}$$

divergiert. Auf der abgeschlossenen Punktmenge $(\lambda_0, \lambda_1, \lambda_2, \lambda_3, \ldots)$ definieren wir $\gamma(\lambda)$ wie folgt:

$$\gamma(\lambda_0) = 0$$
$$\gamma(\lambda_n) = \varepsilon_n \text{ für } n \geq 1.$$

Wegen $\lim_{n\to\infty} \varepsilon_n = 0$ ist diese Werteverteilung eine stetige. Wir können sie daher zu einer für alle Punkte $-\Lambda \leq \lambda \leq +\Lambda$ stetigen Funktion $\gamma(\lambda)$ erweitern[2]). Wenn wir mit dieser Funktion

[1]) Vgl. des Verfassers: „Konvergenzsätze für Fourierreihen grenzperiodischer Funktionen", Math. Zeitschr., 27 (1927), p. 187, § 3; das dortige Beispiel 1 kann durch eine geringfügige Modifikation in ein solches mit beschränkten Exponenten abgeändert werden.

[2]) Etwa durch eine Folge von Strecken, die sich im Punkte λ_0 häufen.

$\gamma(\lambda)$ unsere Fourierreihe (1) „multiplizieren“, entsteht die Reihe

$$\sum \varepsilon_n a_{\lambda_n} e^{i\lambda_n x},$$

deren Fourierkoeffizienten alle positiv sind. Eine solche Reihe kann aber nur dann eine Fourierreihe sein, falls sie absolut konvergiert. Die Reihe $\sum \varepsilon_n a_{\lambda_n}$ sollte aber divergieren.

Also braucht eine Funktion $\gamma(\lambda)$, von der die Stetigkeit bekannt ist, noch kein Multiplikator zu sein. Aber etwas schärfere Bedingungen sind bereits hinreichend. Z. B. gilt folgendes: jede Funktion, die eine beschränkte Ableitung besitzt, ist ein Multiplikator. Dieses und noch allgemeinere Kriterien wollen wir nunmehr beweisen.

§ 3.

Es sei $K(t)$ eine nach Lebesgue integrierbare Funktion, für welche

$$\int_{-\infty}^{+\infty} |K(t)|\, dt \tag{2}$$

endlich ist. Wir führen die Funktion

$$\gamma(\lambda) = \int_{-\infty}^{+\infty} e^{i\lambda t} K(t)\, dt \tag{3}$$

ein. Ist die Fourierreihe der Funktion

$$f(x) \sim \sum a_\lambda \; e^{i\lambda_n x}$$

eine Summe von nur endlich vielen Gliedern, so ist die Funktion

$$\varphi(x) = \int_{-\infty}^{+\infty} f(x+t)\, K(t)\, dt, \tag{4}$$

wie unmittelbar zu sehen ist, wiederum fastperiodisch mit der Fourierreihe

$$\varphi(x) \sim \sum \gamma(\lambda_n)\, a_{\lambda_n} e^{i\lambda_n x}. \tag{5}$$

Davon ausgehend kann man schließen[1]), daß auch für die allgemeinste fastperiodische Funktion $f(x)$ die durch (4) definierte

---

[1]) Vgl. des Verfassers: „Properties of Fourier series of almost periodic functions“, London Math. Soc. Proc., 26 (1927), p. 437.

Funktion (existiert und) fastperiodisch ist und die Reihe (5) zur Fourierreihe hat. Damit also eine in $-\Lambda < \lambda < +\Lambda$ definierte Funktion $\gamma(\lambda)$ ein Multiplikator ist, ist es hinreichend, daß sich für sie daselbst das „Momentenproblem“ (3) lösen läßt, d. h. ihr eine Funktion $K(t)$ mit endlichem Integral (2) zuordnen läßt, für welche (3) besteht.

Betrachten wir die Funktion

$$(6) \qquad G(t) = \frac{1}{2\pi} \int_{-\Lambda}^{\Lambda} e^{-it\alpha} \Gamma(\alpha)\, d\alpha,$$

wo $\Gamma(\alpha)$ eine im endlichen Intervall $(-\Lambda, \Lambda)$ nach Lebesgue integrierbare Funktion ist. Der Ausdruck

$$\int_{-T}^{T} e^{i\lambda t} G(t)\, dt, \quad -\Lambda < \lambda < +\Lambda$$

hat, wenn man unter dem von (6) herrührenden Integralzeichen nach t integriert, den Wert

$$\frac{1}{\pi} \int_{-\Lambda}^{\Lambda} \frac{\sin(\lambda - \alpha) T}{\lambda - \alpha} \Gamma(\alpha)\, d\alpha,$$

und konvergiert daher für $T \to \infty$ gegen den Wert $\Gamma(\lambda)$, sofern nur die Funktion $\Gamma(\alpha)$ im Punkte λ eines der aus der Konvergenztheorie der (periodischen) Fourierreihen bekannten Kriterien erfüllt. Damit also eine Funktion $\gamma(\lambda)$, welche für jeden Punkt des Intervalls $-\Lambda < \lambda < \Lambda$ „Konvergenzverhalten“ aufweist, daselbst ein Multiplikator ist, ist es hinreichend, daß sie sich in einem das Intervall $-\Lambda < \lambda < +\Lambda$ umfassenden Intervall $-A \leqq \lambda \leqq A$ zu einer Funktion $\Gamma(\lambda)$ erweitern läßt, für welche das mit der Funktion

$$G(t) = \frac{1}{2\pi} \int_{-A}^{A} e^{-it\lambda} \Gamma(\lambda)\, d\lambda$$

gebildete Integral

$$(7) \qquad \int_{-\infty}^{+\infty} |G(t)|\, dt$$

einen endlichen Wert hat.

Für den speziellen Fall

$$\Gamma_0(\lambda) = 1 \quad \text{für } |\lambda| \leqq 1$$
$$\Gamma_0(\lambda) = 0 \quad \text{für } |\lambda| > 0$$

ist

$$G_0(t) = \frac{1}{2\pi}\int_{-1}^{+1} e^{-it\lambda}\, d\lambda = \frac{\sin t}{\pi t},$$

und demnach

$$\int_{-\infty}^{+\infty} |G_0(t)|\, dt$$

nicht endlich; woraus zu ersehen ist, daß aus bloßem „Konvergenzverhalten" von $\Gamma(\lambda)$ noch nicht die Endlichkeit von (7) folgt. Wir wollen daher Kriterien dafür angeben, wann eine Funktion $\Gamma(\lambda)$ für uns in Frage kommt.

§ 4.

Wir erweitern $\Gamma(\lambda)$ zu einer im ganzen Intervall $-\infty < \lambda < +\infty$ definierten Funktion durch die Festsetzung

$$\Gamma(\lambda) = 0, \quad |\lambda| > A.$$

Nehmen wir an, daß unsere Funktion $\Gamma(\lambda)$ im Gesamtverlauf einer Lipschitz-Bedingung von der Ordnung $\sigma > \frac{1}{2}$ genügt[1])

(8) $$\Gamma(\lambda + h) - \Gamma(\lambda) = O(h^\sigma).$$

Es ist

$$G(t) = \frac{1}{2\pi}\int_{-\infty}^{+\infty} e^{-it\lambda}\,\Gamma(\lambda)\, d\lambda = \frac{1}{2\pi}\int_{-\infty}^{+\infty} e^{-it(\lambda+h)}\,\Gamma(\lambda+h)\, d\lambda,$$

also

$$e^{ith}\, G(t) = \frac{1}{2\pi}\int_{-\infty}^{+\infty} e^{-it\lambda}\,\Gamma(\lambda+h)\, d\lambda,$$

und daher

$$(e^{ith} - 1)\, G(t) = \frac{1}{2\pi}\int_{-\infty}^{+\infty} e^{-it\lambda}\,[\Gamma(\lambda+h) - \Gamma(\lambda)]\, d\lambda.$$

---

[1]) Diese Bedingung hat zum ersten Mal S. Bernstein für die absolute Konvergenz periodischer Fourierreihen aufgestellt. Vgl. O. Szasz: „Über den Konvergenzexponenten der Fourierschen Reihen gewisser Funktionsklassen", Diese Sitzungsberichte, 1922, 135—150.

Nach der Theorie der Fouriertransformierten[1]) ist nunmehr

$$(9)\quad \int_{-\infty}^{+\infty} |e^{ith}-1|^2\,|G(t)|^2\,dt = \frac{1}{2\pi}\int_{-\infty}^{+\infty} |\Gamma(\lambda+h)-\Gamma(\lambda)|^2\,d\lambda.$$

Die Voraussetzung (8) benutzen wir in der „integrierten Form“

$$(10)\qquad \int_{-\infty}^{+\infty} |\Gamma(\lambda+h)-\Gamma(\lambda)|^2\,d\lambda = 0\,(h^{2\sigma}).$$

Das Integral links in (9) nehmen wir nur von $-1/h$ bis $+1/h$ und berücksichtigen, daß in diesem Intervall der Faktor $|e^{ith}-1|^2$ oberhalb einer positiven von Null verschiedenen Zahl liegt. Wir erhalten dann, wenn wir T statt $1/h$ schreiben:

$$\int_{-T}^{T} |G(t)|^2\,dt = 0\,(T^{-2\sigma}).$$

Durch Anwendung der Schwarzschen Ungleichung

$$\left(\int_{-T}^{T} |G(t)|\,dt\right)^2 \leqq \int_{-T}^{T} dt \int_{-T}^{T} |G(t)|^2\,dt$$

ergibt sich

$$\int_{-T}^{T} |G(t)|\,dt = 0\,(T^{1/2-\sigma}),$$

und daraus folgt, daß für $\sigma > 1/2$ das Integral (7) konvergiert. Die Bedingung (8) ist immer dann, und sogar mit $\sigma = 1$, erfüllt, falls die Funktion $\Gamma(\lambda)$ eine beschränkte Ableitung hat. Da nun eine jede Funktion $\gamma(\lambda)$, welche (fast überall) in $-\Lambda<\lambda<+\Lambda$ eine beschränkte Ableitung hat, daselbst „Konvergenzverhalten“ aufweist, und, wie sehr leicht zu sehen ist, zu einer Funktion $\Gamma(\lambda)$ erweitert werden kann, welche in $-\infty<\lambda<\infty$ differenzierbar mit beschränkter Ableitung ist, ist jede derartige Funktion $\gamma(\lambda)$ ein Multiplikator.

Von der Lipschiz-Bedingung (8) haben wir nur in der integrierten Form (10) Gebrauch gemacht. Letztere ist aber bereits

---

[1]) Vgl. E. W. Hobson: Theory of functions of a real variable, 2. Auflage, Bd. II., p. 742ff.

dann (wiederum mit $\sigma = 1$) erfüllt, wenn von der Ableitung von $\Gamma(\lambda)$ nur vorausgesetzt wird, daß

$$\int_{-\infty}^{+\infty} |\Gamma'(\lambda)|^2 d\lambda = \int_{-A}^{A} |\Gamma'(\lambda)|^2 d\lambda$$

einen endlichen Wert hat. Das folgt aus der Relation

$$|\Gamma(\lambda+h) - \Gamma(\lambda)| \leqq \frac{1}{h} \int_0^h |\Gamma'(\lambda+\xi)| d\xi$$

wenn man auf sie den folgenden Minkowskischen Satz[1]) anwendet:

Aus

$$|\varphi(\lambda)| \leqq \frac{1}{h_2 - h_1} \int_{h_1}^{h_2} |g(\lambda, \xi)| d\xi$$

folgt

$$\int_{\lambda_1}^{\lambda_2} |\varphi(\lambda)|^2 d\lambda \leqq \frac{1}{h_1 - h_2} \int_{h_1}^{h_2} d\xi \int_{\lambda_1}^{\lambda_2} |g(\lambda, \xi)|^2 d\lambda.$$

Wir können daher behaupten:

Damit die Funktion $\gamma(\lambda)$ in $-A < \lambda < A$ ein Multiplikator ist, ist es hinreichend, daß sie absolut stetig ist und daß für ihre Ableitung das (Lebesguesche) Integral

$$\int_{-A}^{A} |\gamma'(\lambda)|^2 d\lambda$$

einen endlichen Wert hat.

Auf demselben Wege kann man zeigen, daß es allgemeiner hinreicht, wenn für irgendein $p > 1$

$$\int_{-A}^{A} |\gamma'(\lambda)|^p d\lambda$$

endlich ist.

---

[1]) Er folgt aus der Minkowskischen Relation

$$\frac{1}{k} \sum_1^{\mu} |a_{\nu 1} + a_{\nu 2} + \ldots + a_{\nu k}|^2 \leqq \sum_1^{\mu} (|a_{\nu 1}|^2 + |a_{\nu 2}|^2 + \ldots + |a_{\nu k}|^2).$$

Inhalt.

Akademische Buchdruckerei F. Straub in München.